STOFF- UND MOTIVGESCHICHTE DER DEUTSCHEN LITERATUR

3

STOFF- UND MOTIVGESCHICHTE DER DEUTSCHEN LITERATUR

HERAUSGEGEBEN VON

PAUL MERKER UND GERHARD LÜDTKE

3

KÄTE PHILIP

JULIANUS APOSTATA

1929
WALTER DE GRUYTER & CO.
VORMALS G. J. GÖSCHENSCHE VERLAGSHANDLUNG — J. GUTTENTAG, VERLAGSBUCHHANDLUNG — GEORG REIMER — KARL J. TRÜBNER — VEIT & COMP.
BERLIN W 10 UND LEIPZIG

JULIANUS APOSTATA

IN DER DEUTSCHEN LITERATUR

VON

KÄTE PHILIP

1929

WALTER DE GRUYTER & CO.

VORMALS G. J. GÖSCHENSCHE VERLAGSHANDLUNG — J. GUTTENTAG, VERLAGS-BUCHHANDLUNG — GEORG REIMER — KARL J. TRÜBNER — VEIT & COMP.

BERLIN W10 UND LEIPZIG

DEM ANDENKEN MEINES VATERS

Inhaltsverzeichnis

EINLEITUNG.

Unter den ewigen Helden der Vorzeit wie unter den geschichtlichen Sinnbildern der Antike und des Christentums überdauert Julianus: einer der letzten Kaiser des byzantinischen Imperiums in beginnender christlicher Zeit, nicht als mythische Gestalt noch als bloß historischer kaiserlicher Name, sondern als Mensch, den die schicksalhafte Wirrnis seiner Begabungen und Eigenschaften nicht zum geschichtebewegenden und -formenden Heroen schuf, dafür zu einer der beziehungsreichsten und vielseitigsten geistigen Persönlichkeiten, die in später Folge des caesarischen Gründers ihr Herscheramt verwalteten.

Wenn die Jahrhunderte Wandel und Würde des ersten Imperators nur wahrten, um aus und über ihnen die undeutbar-geheimnisvolle Macht seines ewigen Wesens wachsen zu lassen, so verewigten sie Julianus, den Sieger in Gallien und Persien, den letzten Hüter der Grenzen und Bewahrer des Reichs, ehe es wenige Jahre später endgültig dem Ansturm der jungen Völker erlag, nicht so sehr durch die geschichtliche Würdigung und Anerkennung seines Amtes und seiner Leistung als durch die stete menschliche Sorge um Sinn und Seele dieses sich mühenden Lebens.

Nicht ungerecht und willkürlich verfuhr die Geschichte. Wenn sie mit Caesar das Bild des übergeschichtlichen Verwandlers, mit Julianus das eines privatpersönlichen, fast untergeschichtlichen Schicksalträgers — trotz seiner geschichtlichen Notwendigkeit — der Nachwelt überlieferte, so ist das widersprechende Gedächtnis der Historie nur Wirkung und Ausdruck des verschiedenen Wesens und der verschiedengestaltigen Vollendung der Personen selber: Als „Sein“, „Tat“ und „Schicksal“ im Gründer des Imperiums, als „Wille“, „Gedanke“ und „Streben“ im aufbegehrenden herrscherlichen Spätling. Als Zufall und Geschenk ward diesem Mann sein Kaisertum, aus innerem Trieb mit verhängnisvoller Leidenschaft erkor er seinen eigentlichen Beruf als stoischer Philosoph und gläubiger Hellenist. Der zum Caesar, dann zum Augustus erhobene, unter Büchern groß gewordene Sproß des constantinischen Herrscherhauses behauptet sich dank Kraft und Begabung als Feldherr, Verwalter Galliens und Zusammenhalter des Weltreichs in Krieg und Frieden. Dies sind Aufgaben, zu denen er gewaltsam getrieben wurde, und die er durch sein Können spielend bewältigte. Doch sein wahres Wesen, sein Müssen erweist sich in dem Redner und Schriftsteller, dem kundigen Hellenen und Religionserneuerer Julian. Als solcher will er ebenso wirken wie als Mehrer des Reichs, und die Macht, die er im Geist sieht und sucht, durchsetzen wiederum durch imperatorische Gewalt. Vielseitig gebildet, gelehrt und klug, oft menschlich hoch spricht er aus seinen Werken, aber sie brauchten nicht von einem Kaiser herzurühren; im Gegenteil, ihre bürgerliche Nähe und rhetorische Werbung befremdet oft. Und wo er tätig bestrebt ist, vergehendes Hellenentum, antiken Götterglauben und Kult wiederaufzurichten und zu beleben durch Beschränkung der christlichen Macht und Förderung der alten Opferbräuche und Zeremonien, handelt er mehr als christlicher Asket denn als kultischer Grieche oder mystagogischer Späthellene, auch ohne die Leugnung seiner christlichen Mönchszeit in Tat und Gesinnung mehr Abtrünniger als Wahrer alter Tradition oder Schöpfer neuen Geistes.

Die Zwiespältigkeit seiner Erscheinung bezeugen auch die erhaltenen Standbilder: Die Büste von Acerenza[1])[2]), — „Reparatori Orbis Romani domino nostro Claudio Juliano Augusto Aeterno Principi", gleichsam eines Soldatenkaisers, kolossalisch, massig, dessen Züge straff zusammengehalten und beherrscht sind von eng beieinanderliegenden Augen, siegesgewisser Imperator Victor unbeugsamen Willens mit schmalem befehlsgewohntem Mund, — und die Pariser Statue[3])[4]). Der ins Weite schweifende Blick und zum Sprechen sich öffnende redegewohnte Mund dieser mit dem Pallium des Philosophen bekleideten, in der Linken eine Buchrolle haltenden Gestalt vergeistigen die Züge, lassen sie im Vergleich zu dem italienischen Bildnis fast zart erscheinen und zugleich den Wunsch dieses Mannes nach Anerkennung vor einem stets gegenwärtig empfundenen Publikum merkbar werden.

---

[1])[2]) Siehe Abbildung bei G. Negri: L'Imperatore Giuliano l'Apostata. Milano 1914.

[3])[4]) Siehe Abbildung bei E. Talbot: Oeuvres Complètes de l'Empereur Julien. Paris 1863.

I. ZEITGENÖSSISCHE QUELLEN.

Auch die schriftlichen zeitgenössischen Zeugnisse von Julian kennen zwei Gesichter: Kurz nach seinem Tod erstand dem Herrscher Julian ein praeco in Ammianus Marcellinus. Den größeren Teil seiner Römischen Geschichte[5]) widmet er Leben und Taten des verehrten Kaisers, den er auf seinem Perserzug begleitete. Ohne panegyrischen Überschwang berichtet er schlicht-eindringlich von Julians Tapferkeit, seiner Umsicht und Kenntnis in militärischen Dingen. Er spricht von der gebietenden Strenge und Wirkung des großen Mannes im Heer, dem gegenüber Widerstand unmöglich wurde. Zur feldherrlichen Begabung tritt die Kunst gerechter Verwaltung. Mehr als Rhetorik will es bedeuten, wenn Ammian seinen Kaiser von der Schicksalslenkerin Glück erhoben glaubt. Doch weil es gerecht ist, bleibt Ammians Bild nicht einheitlich, und er weiß auch um des Kaisers gelegentliche Willkür und seine redselige Eitelkeit. Der bis an sein spätes Lebensende glaubenstreue Heide Ammian hält den Kaiser für mehr abergläubisch als fromm, ohne dabei seine religionsphilosophischen Neuerungen eingehender zu erörtern.

Doch Ammians Wort übertönt der Rhetor, der den kaiserlichen Freund und Philosophen im Leben und nach dem ruhmvollen Ende auf dem Schlachtfeld feiert als ihm in Wort und Gesinnung gleichgearteten Schriftsteller und Sophisten, als gebildeten Verehrer der Antike und leidenschaftlich tatwilligen Erneuerer traumgewordener Hellenenschönheit: Libanius[6]). Ueber Ammian hinaus, der die Taten

---

[5]) Ammianus Marcellinus: Rerum Gestarum libri qui supersunt, ed. V. Gardthausen, Leipzig 1874/75, Lib. 15—25.

[6]) Libanius: Opera rec. Foerster. Leipzig 1904/23, II, 9—45; 63—82; 87—113; 120—154; 160—182; 206—221; 236—371; 514—533.

sprechen läßt, erfaßt Libanius das Wesen des geliebten Schülers und Freundes im persönlichen Briefwechsel nicht weniger als im Schwung der großen Rede, so wie er sich ihm vor allem erschloß als denkender Geist mehr denn als tätiger kaiserlicher Feldherr.

Ammians und des Libanius Stimmen verhallen jedoch in dem wilden Schrei des zu maßloser Wut aufgereizten Gegners: Gregor von Nazianz[7]). Nicht allein als schwer bedrängter Vertreter der Lehre Christi auf Erden wendet sich der Erzbischof von Konstantinopel gegen den ehemaligen Studiengenossen und nunmehrigen Verkünder des Hellenismus auf dem Thron. Maß und Würde seines priesterlichen Amtes vergessend, geifert und schmäht hier ein kleinlicher Mensch besinnungslos gegen seinen Privatfeind. Außer vielen gutgläubig aus mündlicher Überlieferung berichteten, wenn nicht gar eigens erdachten Spuk- und Teufelsgeschichten, zu deren Mittelpunkt Julian gemacht wird, gehen auf Gregor, den unerschöpflichen Erfinder von Schmähungen des toten Kaisers, die Vergleiche Julians mit einem Drachen und reißenden Tier zurück. Für den Kirchenvater ist Julian der „abtrünnige Tyrann" schlechthin, ein zweiter Nebukadnezar und „ille Apostata". So ist Gregor durch diese frühe Namengebung, die zum Symbol für Julian wurde, wie durch den Fanatismus seines Auftretens über seine Privatperson hinaus stärkster geistiger Ausdruck der christlichen antijulianischen Gesinnung jener frühen Zeit geworden. Für die folgenden Jahrhunderte bedeuteten Gregors gehässige Worte mehr als die des Ammian und Libanius, mehr als die Grabschrift in Tarsus[8]):

«Ἰουλιανὸς μετὰ Τίγριν ἀγάρροον ἐνθάδε κεῖται
ἀμφότερον βασιλεύς τ' ἀγαθὸς κρατερός τ' αἰχμητής»

oder die anerkennenden Worte des christlichen Dichters Prudentius[9]):

„. . . *ductor fortissimus armis*
conditor et legum, celeberrimus ore manuque,
consultor patriae . . . .
perfidus ille Deo quamvis non perfidus Urbi . . ."

Die zuerst von Gregor schriftlich festgehaltene Gegenströmung wird fortgeführt und verbreitert von den Kirchenhistorikern des 4. bis

---

[7]) Gregorii Theologi Opera quae exstant ed. Migne Patrologia ser. Gr. Bd. 35—38.

[8]) Zosimi Historia Nova ed. Mendelssohn 1887.

[9]) Aurelii Prudentii Clementis quae exstant carmina. Lipsiae 1860. S. 102, Vers 450 ff.

7. Jahrhunderts: einem Philostorgius, Photius, Sokrates Scholasticus, Sozomenus, Theodoret, Malalas, Rufinus (dem Fortsetzer des Eusebius), die sich gegenseitig ausschreiben und abwechselnd ergänzen. Vor ihren bunten, breit gezeichneten Bildern des Zauberers, Tyrannen, blutdürstig-grausamen Christenverfolgers und Wüterichs J u l i a n treten die Gesinnungsgenossen des Ammian und Libanius: Himerius, Eunapius, Zosimus, Eutropius, Sextus Rufus, Mamertinus, Aurelius Victor in den Hintergrund, ob sie nun als deren Zeitgenossen selbständig oder in Anlehnung an sie sachlich gerecht berichten.

Das Bild des heroischen Kaisers und gerühmten Schriftstellers verblaßte immer mehr vor dem des Apostaten, denn nur die zweite Überlieferung hatte Erben und Fortsetzer gefunden, deren Gelesenheit und Wirkung mit dem Erstarken der christlichen Kirche und ihrem Zusammenschluß zum Kirchenstaat unter einem regierenden Oberhaupt ständig wuchs, im gleichen Maß wie das byzantinische Reich zerfiel und antike Bildung und heidnischer Brauch den neuen Völkern und dem neuen Geiste wich. Außerdem war die Zeit der beginnenden Völkerwanderung, da die von dem siegreichen Kaiser im Westen und Osten behaupteten Grenzen nun doch überflutet wurden und das Imperium Romanum zu bestehen aufhörte, zur Bildung einer mündlichen Tradition vom kriegerischen Julian wenig geeignet. Dagegen wurde die schriftliche Überlieferung von der Kirche fortgesetzt.

II. KIRCHLICHES UND RITTERLICHES MITTELALTER.

Die ältesten Zeugnisse des historischen J u l i a n auf deutschem Boden übermitteln Chronisten des 11. bis 15. Jahrhunderts, sowohl in gelehrtem Latein wie in volkstümlicher Mundart. Mönche im Schutz und unter der Herrschaft der Kirche melden fast wörtlich den Inhalt der Kirchengeschichten, ohne persönliche Meinung oder eigene Darstellung[10]).

So ist es Nacherzählung der Quellen, wenn L a n d o l f u s S a g a x[11]) um das Jahr 1000 in seiner Fortsetzung des Paulus Diaconus oder

---

[10]) Im Folgenden werden lat. Chroniken auch nichtdeutscher Autoren herangezogen, wenn die geschilderten Begebenheiten in deutsche Ereignisse herüberspielen oder das Werk — wie Landolfs Historia Miscella — auf deutschem Boden wirkte.

[11]) Mon. Germ. Hist. Auct. Bd. II, 331.

Ekkehard[12]) von Aura im Chronicon Universale von Julians Jugend, seinen Verfolgungen durch Constantius, seiner klassischen Erziehung handelt, von seinen Taten als Caesar in Gallien und Augustus in Persien, stets im Hinblick auf seinen anrüchigen Charakter, seine Kirchenfeindschaft und das von Gott gewollte böse Ende, das ein warnendes Beispiel für die Nachwelt sein soll. Zum schweren Vorwurf wird Julian gemacht, daß er als Mönch und Lektor in den Kirchen die Bibel vorlas, dort den rechten Glauben heuchelte, während er heimlich der Philosophie ergeben war und abtrünnig wurde, sobald nach des Constantius Tod ihm keine Gefahr mehr drohte. Machtgierig soll Julian nach dem Thron gestrebt und „felicia fore tempora quibus ipse rebus potiretur" verkündet haben. „Desiderio regni" befragt Julian der Heide einen Seher um die Zukunft, doch als auf dessen Beschwörung die Teufel dann wirklich erscheinen, bekreuzt der Mönch Julian sich instinktiv, und die Geister verschwinden. Darauf fühlt sich der Magier verpflichtet, die Macht seines Glaubens zu verteidigen: nicht aus Furcht, sondern aus Abscheu vor dem Kreuz sei der Spuk geflohen und erreicht seine Absicht, da von nun an Julian das christliche Zeichen haßt. Verschiedene Gerüchte über seinen Tod werden angegeben. Man weiß nicht, ob ein Mensch oder ein Engel ihn getötet hat, vielleicht war es der heilige Merkur, der auf Befehl der Jungfrau Maria ausgesandt, den Gottesleugner mit der Lanze durchbohrte. Nach dem Tod des Kaisers findet man aufgeschlitzte Leichen, aus deren Eingeweiden Julian den Ausgang des Perserkrieges ersehen wollte. Zahlreiche Märtyrergeschichten lassen die Grausamkeit des Tyrannen und Christenverfolgers erkennen. Seine Opfer werden heilig gesprochen, seine Helfer finden gleich ihm ein böses Ende.

Landolf berichtet fast noch ausführlicher als Ekkehard alle um Julian verbreiteten Märchen, weiß aber auch im engen Anschluß an seine Quellen anzugeben, daß Julian *„solus enim imperatorum a Julio Caesare in curia senatus recitavit orationes"* und Verfasser der „Caesares" ist. Er fügt hinzu, daß zwar die Vertreibung der Köche und Friseure vom Hof und die Vereinfachung der gesamten Hofhaltung nicht eines Kaisers, doch eines Philosophen würdig war, dagegen die Verspottung der Caesares weder einem Kaiser noch einem Philosophen zur Ehre gereiche. Landolf verschweigt auch nicht des Kaisers Glauben, daß gemäß der Seelenwanderungslehre des Pythagoras und Plato die Seele Alexanders in ihm wiedergekehrt sei (wie man ja auch wissen wollte, Julians Mutter habe vor seiner Geburt geträumt, sie werde einen

[12]) Mon. Germ. Hist. Script. Bd. VI, 113.

zweiten Alexander gebären, und Julians Sieg bei Straßburg von Zosimus mit dem des Alexander über Darius verglichen wird).

Im Bericht über Julian sind diese Chroniken durch nichts von ihren Quellen unterschieden und müssen hier nur als bloße Stoffvermittler ohne eigenes Gepräge ihren Platz finden.

Die Kaiserchronik[13]) dagegen erzählt in kindlicher Lebhaftigkeit anschaulich und ausführlich zunächst, wie Julian, der „gotis widerwarte", zur Herrschaft gelangte[14]). Julians königliche Herkunft ist vergessen, als Privatmann, den eine reiche Witwe in Rom erzog, wird er eingeführt. Geld- und machtgierig scheut er im Anfang weder Diebstahl noch Lüge, um am Hof zu Ansehen zu gelangen. Der Schauplatz ist Rom, wo Julian als des „papstes kappellân" lebt, wohl mehr die Hauptstadt des Kirchenstaates als des weltlichen Imperiums, denn beim Papst bittet die bestohlene Frau vergebens um Gehör und von ihm, nicht vom Kaiser fordert sie auf Rat des Merkurius die Rechtsprechung an der Bildsäule. Um die Herrschaft über das Römerreich zu erhalten, schließt Julian den Teufelspakt. Machtgier und Herrschsucht — in dem geraubten Gold symbolisiert — werden in der asketisch-weltfeindlichen Luft frühchristlicher Zeit, den geschichtlichen Tatsachen zum Hohn[15]), dem gehaßten Kirchenfeind zum Vorwurf. Was in der Kaiserchronik einem Caesar zu Ruhm und Ehre gereicht, Eroberung und Behauptung, Macht und Herrschaft, bedeutet bei dem Ketzer und Christenverfolger Teufelsgewalt. Auch in den Tagen ritterlichen Tuns zu Lob und Freude dieser Erde verdichtet sich der christliche Haß gegen den letzten Hellenen in der Gestalt des betrügerischen Emporkömmlings Julian. Das glaubensstarke, trotzige Be-

---

[13]) Mon. Germ. Hist. Deutsche Chroniken I. ed. Schroeder. Vers 10634—11129.

[14]) Quelle dieser Sage ist wohl über ein unbekanntes Zwischenglied der eine der zwei erhaltenen syrischen Romane vom Kaiser Julianus aus dem 6. oder 7. Jahrhundert (hg. Nöldecke. Zt. d. deutsch. morgenländ. Ges. Bd. 28. S. 263 u. 660). Vgl. über die Verbreitung dieses Sagenmotivs vom geraubten Golde auch Arturo Graf: Roma nella memoria dell medio evo. S. 472. Anm. 14. Die gleiche Erzählung findet sich auch in der Legenda Aurea des Jacobus de Voragine (hg. Benz 1917 Bd. I. S. 219) und im Liber de Temporibus Alberti Milioli (Mon. Germ. Hist. Script. XXXI, 391). „Nota quod iste Julianus prius monachus fuit, et magnae religionis simulator adeo, ut quaedam mulier tres ollas plenas auri, aurum in orrificiis ollarum cinere cooperiens ne comperiretur ad servandum illi tradidit quia sanctum illum hominem credebat, nec tamen confessa est ibi aurum esse."

[15]) Julian hatte die einfachen Lebensgewohnheiten eines stoischen Philosophen, gebrauchte seine Macht, gleich ob aus Klugheit oder innerer Neigung, nur im äußersten Notfall.

harren der Christen und die Ohnmacht der vertriebenen Götter zeichnet sich mit naiver Komik bildhaft, wenn die von Heiden heimlich im Tiber verborgene Merkuriussäule von der dort waschenden Frau verhöhnt wird, warum er, Merkur, solch Ungemach dulde, wenn er wirklich ein Gott sei. Wehrlos läge er kalt und naß im Fluß, statt sich am Feuer zu wärmen. Darauf: „*daz bilede sie um die ôren sluoc, sie blou iz mit dem gewande*". Und als Julian, „*des leiden vâlandes man*" Kaiser wird und den Götzendienst wieder einrichtet, muß er sich von seinen Opfern, ehe sie den Märtyrertod sterben, über die Gewalt des Christengottes und der Götzen Ohnmacht eindringlich belehren lassen: „*wirfet man dinen got in den mist, in nehilfet nichein sîn list daz er dar immer ûz kome*". Die heidnisch-sinnliche Nähe und Konkretisierung der Göttermacht und die geistig entfernte Beziehung des gläubigen Christen zu seinem Herrn und Heiland zeigen sich in unversöhnbarem Gegensatz. Als brutaler, zerstörungswütiger Tyrann erscheint Julian dann auf seiner Heerfahrt zu den „Kriechin".

„*alle sîne gebaere wâren tobelich.*
er was der Kristenheite wuoterich."

Die Grausamkeit gegen den heiligen Basilius[16]) und sein Kloster beschleunigt seinen Untergang.

„*Sîn lîchname*
wellet zuo Constantinôpole
in dem beche und in dem swevele.
— — — — — —
die tiuvele wîzegent sîne sêle."

Die Christenheit jubelt über den Tod des bösen Julian, von dem ihr nur Leid geschehen ist, und der Glaubensstolz weist rückblickend noch einmal darauf hin, daß alle diese Wunder das Werk Gottes sind, der den ersten Menschen schuf, und nach dessen Willen er wieder zunichte werden muß.

Die breite Erzählung der Kaiserchronik, in der die einzelnen Begebenheiten fast wichtiger sind als Julians Person, denn Tatsache um Tatsache wird aneinandergereiht ohne eingehende Betrachtung oder Individualisierung, läßt Julian als den teuflisch-grausamen, zornigen Christenverfolger erscheinen, der aber mehr verspottet als gefürchtet wird.

---

[16]) Julian sollte den Basilius verhöhnt und gedroht haben, nach der Rückkehr von Persien das Kloster zu zerstören als Genugtuung für das armselige Gastgeschenk (5 Gerstenbrote), das man ihm dargebracht hatte.

Den gleichen Inhalt wie die Kaiserchronik erzählt primitiv, weniger motiviert und festgefügt der Schreiber der Sächsischen Weltchronik[17]). Kleine Abweichungen, Auslassungen und Hinzufügungen ergeben kein neues Bild Julians. Auch hier ist er Bekämpfer des Christentums, doch weder großer Kaiser noch übermenschlicher Teufel. Der Verfasser entnimmt seinen Quellen, den Kirchengeschichten, der Vita Basilii, den Acta Sanctorum wörtlich den Stoff, voll Freude am wunderbaren Geschehen und der sich offenbarenden Allmacht Gottes.

Es bedeutet kein neues Moment, wenn die Oesterreichische Chronik[18]) der Legenda Aurea folgend nach dem Tod Julians angibt: *„Darnach lies der künig von Persia machen ain lederlachen auz der hêute Juliani des Kaisers“.*

Da allein Julian der Christenverfolger weiterlebt, nicht der Feldherr, ist es kaum zu verwundern, daß auch die elsässischen Chroniken und Lokalberichte nichts von Julians Kriegstaten, der Schlacht bei Straßburg, dem Winterlager in Paris, seiner Fürsorge für das eroberte Land erwähnen[19]). Es war ja keine andere als die schriftliche kirchliche Tradition bekannt, und so schreibt der Straßburger Prediger Jacob Twinger von Königshofen in der „Deutschen Chronik“[20]) die Kirchenschriftsteller aus. Weniger sklavisch an den Vorbildern hängend, begeht er bisweilen Verwechslungen, wohl im Bestreben durch anekdotenhafte Erzählung den Leser zu unterhalten. So verbündet sich bei ihm Julian offen mit dem Teufel, der ihm zur Herrschaft verhilft, indem er Constantius eines seltsamen Todes sterben läßt. Mit Julian beginnt die 11. „durchehtunge“, d. i. Verfolgung der Christen[21]).

Daß der Teufel dem „Julianus Apostata“ zum Kaisertum verhalf ist feste, unausrottbare Vorstellung des Mittelalters und kehrt auch in den spärlichen historischen Daten des renaissancekundigen Steinhövel[22]) wieder.

---

[17]) Mon. Germ. Hist. Deutsche Chron. des Mittelalters II, 124.

[18]) Mon. Germ. Hist. Chroniken deutscher Städte. VI, 58.

[19]) Auch Fritsche Closener bringt in seiner Straßburger Chronik (1382) nur wenige historische Daten über Julian (hg. Chroniken deutscher Städte. Straßburg).

[20]) Chroniken deutscher Städte. Straßburg (Leipzig 1870).

[21]) Bämlers Kaiser- und Papstchronik (Augsburg 1480) ist mit ganz geringen stilistischen Änderungen und einer kurzen Fortsetzung eine Wiedergabe Königshofens. Die Weiterführung berichtet der Tradition folgend Julians Tod durch die Hand des Merkurius.

[22]) Chronik, Ulm 1473.

Unerklärlich scheint Herkunft und Sinn der einzigen Aussage, die Siegmund Meisterlin[23]) von Julian zu machen weiß: *„darnach (regierte) Julianus Apostata und ward durch das römische here zu Wurms aufgeworfen"*.

Sinnvoll-zufällig ist auch die andere chronikalische Stelle, die als Zeugnis für Julians Wirken in Gallien gelten könnte, unentwirrbar. Die Koelhoffsche Chronik[24]) führt unter der Überschrift: *„Hie werden mancherlei opinien ind meinungen gesoicht under vil kaiseren, so wanne die stat Agrippinen die vurss victorie gehat have"* Julian an, auf den auch — wie historisch, bei Auslassung des nur kurz regierenden Jovian — Valentinian folgt, doch verlegt der Chronist die Begebenheit in das Jahr 184.

Je später die Chroniken geschrieben, um so kürzer sind sie im Bericht über Julian, da in der beginnenden bürgerlichen Zeit sich wohl immer weniger Autoren der Mühe unterzogen, die ausführlichen lateinischen Kirchenhistorien durchzuarbeiten; statt aller Einzelbeschreibungen tritt mehr und mehr die Suggestivkraft des Beinamens „Apostata" in Wirkung, unter dem der Kaiser kommentarlos angeführt wird.

So ist Julian der Ketzer und Tyrann in den Chroniken, anfangs reich umwoben von Zauber- und Greuelgeschichten, allmählich zum festen für sich sprechenden Symbol geworden, in das die Geschichte sein Wesen bannte, nicht als der er war: siegreicher römischer Kaiser, noch als der er sich fühlte: hellenischer Redner und Philosoph, sondern als der er schien: abtrünniger Mönch und Christenfeind, und unter der Macht der katholischen Kirche erwuchs ihm der „magische Name": Apostat. Im großen Zusammenhang des Weltgeschehens rechnen diese Chroniken Julian weniger in die römische Kaiserhistorie als in die Geschichte der Christenverfolgungen[25]).

Doch vermutet man umsonst, ihn in der Literatur als Verkörperung des Bösen anzutreffen, als leibhaftigen Teufel oder Antichrist. Das mehr an der Phantasie als Wirklichkeit genährte Schreckensbild des im Grund vornehmen Menschen Julian, der auch während seiner kurzen Regie-

---

[23]) Chronik der Reichsstadt Nürnberg 1488 (hg. Chroniken der fränkischen Städte. Bd. III. 1864).

[24]) Köln 1499 (hg. Chroniken deutscher Städte. Niederrhein Bd. II. 1876).

[25]) Darauf mag die verhältnismäßig seltene Erwähnung Julians in den Chroniken jener Zeit zurückgehen. Das Annolied weiß nichts von Julian, Jansen Enenkel läßt auf Constantin Karl den Großen folgen. Jordanis beschränkt sich auf Angabe weniger historischer Daten, der Trierer Silvester spricht von Constantin, nicht von Julian.

rungszeit in der Auswirkung seines Apostatentums mehr philosophisch als tyrannisch vorging, ist weitaus farbloser als das eines Nero, vor dessen tatsächlicher Grausamkeit Rom gezittert hatte. In dämonischer Besessenheit hatte Nero — wie eine Naturgewalt ohne Wahl und Maß — vernichtet, was sich seiner Zerstörungswut darbot. Julian dagegen ging planmäßig und aus Überzeugung nur gegen die Christen vor, zweckhaft und mit ethischen Motiven. Und für die Anhänger der neuen Lehre bedeutete jeder Märtyrertod einen Sieg für den Glauben; die Furcht vor dem Verfolger vermischte sich mit dem heimlichen Gefühl des Triumphes über den heidnischen Gotteslästerer, wie es fast nach allen mittelalterlichen Beschwörungen seines Namens zum Ausdruck kommt, und auch die weltlich gesinnte Kaiserchronik setzt dem apokalyptischen Gemälde von Neros Untergang den schadenfrohen Bericht von Julians Höllenqualen gegenüber, umrankt von moralischen Hinweisen auf die Satzungen christlicher Ordnung und ewiger Gottesfügung.

Kraft der kontinuierlichen Tradition der Kirche wurde es indessen möglich, daß andere „Widerwarte Gottes" durch den Vergleich mit Julian gekennzeichnet, ja ge-zeichnet wurden, und die Erinnerung an Julians widerkirchliches Leben verband sich mit seinem Namen zur festen Vorstellung, die vokabelmäßig verwendet werden konnte. Von einem zwischen weltlichem und geistlichem Regiment schwankenden Simeon sagt die Chronik, daß er sich *„aus der Ruhe des Klosters in die stürmische Welt begeben habe und lieber dem Julianus Apostata als dem hochseligen Petrus, dem Beschließer des Himmelreichs, folgen wolle"*[26]).

Als nach dem Tod Childerichs sein Bruder Theoderich die Franken regiert, hat *„ein gewisser Ebroinus wie ein zweiter Julianus Apostata . . viele Franken ihres väterlichen Besitztums beraubt, anderen ihr Vermögen genommen, andere mit dem Schwert getötet"*[27]).

Schon vorher verglich die Vaaster Chronik die Zeit nach dem Hunneneinfall mit Julians mörderischem Wüten[28]).

Zusammen mit Nero, der in den Tagen der Renaissance sein ständiger Begleiter wird, gilt Julian auch im Mittelalter als abschreckendes Beispiel für die Bösen: *„die sich nicht beugen wollen und also verdienen, zerbrochen zu werden wie Nero, Decius und die übrigen heidnischen Tyrannen und später im Christentum Constantius der Arrianer und Julianus der Apostat"*[29]).

---

[26]) Liutprandi Antapodosis. Mon. Germ. Hist. Script. III, 309.
[27]) Chronicon Vedastinum. Mon. Germ. Hist. Script. XIII, 696.
[28]) Ebenda S. 681.
[29]) Mon. Germ. Hist. Libelli de lite Imperatorum et Pontificum. III, 450.

Karl der Kahle blendet seinen eigenen Sohn Karlmann, „*weil er sich zur Apostasie gewendet hatte und indem er das Reich in schlimmer Weise beunruhigte, sich als ein zweiter Julian erwies*“[30]).

Volle Bewertung und treffende Verwendung findet Julians Name im Kampf zwischen Kaiser- und Papsttum. Er ist das eindeutigste Beispiel der Geschichte, daß dem Kaiser nicht immer und in allem gehorcht werden muß; das bedeutet, daß dem Papst an erster Stelle gehorcht werden soll. Unter der Überschrift:

„*Quod regibus non semper sit oboediendum*“

heißt es:

„*Johannes etenim et Paulus iussu Constantini christiani imperatoris cum Gallicano patricio adhuc pagano adversus hostes Romani imperii profecti sunt a Juliano autem apostatae palatio penitus discesserunt*“[31])

und gleich danach:

„*Quod male pereunt qui sacerdotibus contraeunt ..... Julianus imperator sacerdotes Christi persequitur unde et ipse ab hostibus occiditur*“[32]).

Zu deutlichstem Ausdruck kommt diese Symbolisierung bei den großen Widersachern des päpstlichen Regiments: Heinrich IV. und Friedrich II. Anselm von Canterbury, treuer Anhänger Gregors IX., beginnt seine Widerlegung des Heinrich geneigten Walram von Naumburg: „*Für den Eingeweihten bedarf es nur wenige Worte. Wenn ich sicher wäre, daß meine Vorsicht den Nachfolger Julius Caesars, Neros und des Julian Apostata nicht allzu sehr begünstigte gegenüber dem Nachfolger und Stellvertreter des Apostel Petrus, so würde ich euch sehr gern als guten Freund und verehrungswürdigen Bischof begrüßen*“[33]).

Der „Liber Canonum“ gegen Heinrich IV. verkündet:

„*Hoc genus daemonum in nullo potest exire nisi in ieiunio et oratione: His armis Alexander foetida morte foetidae mentis evisceravit Arrium, his Basilius misso callitus vulnere stravit solium Jovis affectantem Julianum, hanc armaturam cingeris et tu palaestram canonici iuris desudaturus*“[34]).

---

[30]) Mon. Germ. Hist. XXVII, 265.
[31]) Mon. Germ. Hist. Libelli de lite Imp. et Pontif. III, 75.
[32]) Ebenda S. 78.
[33]) Mon. Germ. Hist. Libelli de lite Imp. et Pont. II, 180.
[34]) Mon. Germ. Hist. Libelli de lite Imp. et Pontif. I, 473.

Ihr Höchstmaß erreicht die Bannkraft des julianischen Fluchs unter Friedrich II. von Hohenstaufen. Es mag die geistige Nähe Julians sein, der im antiken Sinn Staat und Kirche zugleich zu verkörpern suchte, die in den bewegten Zeiten dieser päpstlich-kaiserlichen Kämpfe seinen Namen immer wieder auftauchen läßt, sodaß der Schreiber der Gesta Treverorum nach dem Tode des Ketzerrichters Konrad von Marburg (1233) aufatmend die wildbewegte Vergangenheit mit den Tagen Julians vergleicht[35]).

Wie einstmals die haßgeschwellte Gegenpartei Julians innerer Überlegenheit und selbstwilligem Auftreten nicht geistig begegnen konnte, sondern den Kampf auf das Gebiet der Moral verlegte und eine ihr unverständliche geistige Haltung sich als konkret-wahrnehmbare, blutige Greueltaten begreiflich machte, wollen auch die „Gesta Richeri" gerüchtweise von Friedrichs II. Verwandtenmorden wissen und bekräftigen ihre Ansicht von der Abscheulichkeit des Staufers durch die Erinnerung an Julian[36]).

Dabei will der Chronist durch die Ausführlichkeit des Beispiels gewiß ebenso seine Kenntnisse zeigen, wie ohne Sinn für menschliche Größe, durch den ausdrücklichen Hinweis auf „das böse Ende" Julians die Vorstellung vom gleichen, auch Friedrich drohenden Schicksal beschwören. Wie es ein anderer Chronist deutlich zum Ausdruck bringt: *„Es gibt nun solche, die einen bösen Anfang und eine gute Mitte, aber ein böses Ende haben wie Judas Ischarioth und Julian Apostata und alle die abtrünnig sind.... Und es ist bekannt, daß alle Abtrünnigen eines bösen Todes sterben wie das Beispiel Julians Apostata zeigt, der eines bösen Todes starb, wie in den Chroniken und Heiligenlegenden zu finden ist"*[37]).

Als gefährlicher Versucher der Menschheit gilt Friedrich II., als er, nach seiner Bannung durch Gregor IX., den Patriarchen von Aqui-

[35]) Mon. Germ. Hist. Script. XXIV, 402. „Exhinc procellosa illa persecutio cessavit et periculosissima tempora quibus a diebus Constantii imperatoris heretici et Juliani apostatae nulla alia fuere similia sereniori ceperunt spirare clementia."

[36]) Mon. Germ. Hist. Script. XXV, 302.: „Et haec initia suae malae conversationis, sicut postmodum lucidius exponemus, usque in finem vitae suae exstiterunt in quibus ipse illi fallacissimo Juliano imperatori Romano similis fuit qui ab ecclesia et in ecclesia nutritus et ad honores prius promotus, postea Christum negans ob ambitione imperii omni nisu crudeliter ecclesiam impugnavit et inhumane Christianos persequens, quos veri Dei cultores inveniebat, diversis suppliciis interficiebat; qui denique a sancto Mercurio martyre beatae virginis Mariae iussu dira morte percussus, interiit in Persidam."

[37]) Mon. Germ. Hist. Script. XXXII, 181.

leja nur durch die Macht seines Wortes zwingt, ihm die Messe zu lesen, und die Chronik vergleicht: „Darum haben auch Johannes und Paulus vom Apostaten gesagt: Nachdem Julian erst einmal vom Antlitz Gottes abgefallen war, versuchte er, auch die anderen mit sich ins Verderben zu reißen“[38]).

Stärksten Klang und dunkelste Farbe hat das Symbol des widerkirchlichen Kaisers aber in den Versen, mit denen der Papst[39]) Friedrich II. antwortet. „Hammer der Welt“ zu sein, hatte Friedrich als sein Schicksal gefühlt:

„Fata monent stellaeque docent aviumque volatus
Totius et subito malleus orbis ero.
Roma diu titubans variis erroribus acta
Concidet et mundi desinet esse caput.“

Die Antwort auf die antike Hybris des Staufers, der Fluch der banngewaltigen „Ecclesia triumphans“ beschwört Julians Schatten in dem gleichen heidnischen Ton:

„Fata silent stellaeque tacent, nil praedicat ales;
Solius est proprium scire futura Dei.
Niteris incrassum navem submergere Petri;
Fluctuat et numquam mergitur illa ratis.
Quod divina manus possit, sensit Julianus,
Tu succedis ei, te tenet ira Dei“[40]).

Einförmig aber immer mehr verdichtet hebt das Bild von Julianus Apostata sich vom Hintergrund des Zeitgeschehens ab, so wie Mönche und Geistliche ihn sahen, wie es das Interesse des Papsttums war, sein Bild aufzurichten. Trotzdem vermißt man die Nennung seines Namens an mancher prägnanten Stelle, da die Vorstellung vom Ketzerkaiser nicht volkstümlich wurde wie etwa die Neros. Vom Schicksal in eine Zeitwende gestellt, wie sie dem Abendland seitdem kaum mehr so scharf fühlbar wurde, ist Julian weder Vollender der alten Welt noch Beginner der neuen, sondern steht zwischen beiden. So fand er seinen Platz außerhalb der großen Linien, in denen die Geschichte sich zeichnet[41]).

---

[38]) l. c. S. 592.

[39]) Nach den Zeitangaben der Chronik müßte Friedrichs Herausforderung an Innocenz IV. gerichtet sein und von ihm die Antwort herrühren.

[40]) Mon. Germ. Hist. Script. XXIV, 219.

[41]) In Dantes „Divina Commedia“ fehlt Julians Name wohl aus Scheu, einen Träger des römischen Principats in das Inferno zu versetzen, wo er unter den Ketzern seinen Platz hätte erhalten müssen (s. Dantes „Monarchia“). Vgl. auch Arturo Graf l. c. S. 487.

Abseits von der kirchlichen Tradition erscheint daher Julians Bild schwächer, soweit es überhaupt bekannt ist.

Im Heiligenleben des Mystikers Hermann von Fritzlar[42]), der sich weniger gelehrter Bildung und Überlieferung anschließt als an das hält, was ihm sein eigenes Herz und die Bibel sagen, ist Julian „ein herre kaiser ze Rome". Erst aus der Nennung des Namens Julian in direkter Anrede der Märtyrer Johannes und Paulus ergibt sich, wer gemeint ist.

Im „St. Johannes — St. Mertinstag" ist Julian einfach der Kaiser, auf dessen Befehl die Märtyrer sterben. Die bloße Erwähnung dieser historischen Tatsache ohne Ausschmückung ist Beweis für die geringe Popularität und ein Zeichen, wie ungestaltig und begrenzt hier das Wissen um seine Person ist. Die Farblosigkeit der Schilderung wird besonders deutlich im Vergleich mit der Neros in der Legende „St. Peter und Paul". Es ist ein deutlich fühlbarer anderer Ton der Vertrautheit, des heimlichen Gruselns und Schreckens, in dem dieser Kaiser genannt wird. Und auch die Häufigkeit des Erwähnens gegenüber der spärlichen Zitierung Julians ist nicht zufällig oder unwichtig in jenen Zeiten, da der Name an sich noch Bannkraft hat; von ihm strahlt aus, was er versinnbildlicht, und nur wer die ihm innewohnende Macht fühlte, besaß das Wort.

Das ritterliche Mittelalter weiß kaum etwas von Julian. Das ist erklärlich, nachdem die kirchliche Herkunft, Verbreitung und Wirkung des Wissens um seine Person bereits gezeigt ist.

So ist auch das Spiel vom Antichrist[43]), dessen Verfasser unbekannt ist, wohl auf kirchlichem Boden entstanden. Als einer der Diener des Antichrists wird Julian in die Reihe der großen Bösewichter gesetzt, wie sie aus der Geschichte, der Bibel und Heiligenlegende bekannt waren. Eine Summierung solcher Schreckensnamen, unter denen Nero niemals fehlt, ist in der Renaissance ein fester, nur in einigen Bestandteilen variierender Ausdruck, der oft als bekräftigender Vergleich oder abschreckendes Beispiel auftaucht, in diesem frühen Gedicht als Mahnung zu innerer Einkehr und reinigender Selbstbetrachtung:

„und sehen frowen unde man
ir eigen gewizzen an,
daz siu niht sin der Anticrist
der leider nu vil manger ist
oder sine dinaer

[42]) Hg. Pfeiffer. Leipzig 1845.
[43]) Abgedruckt in Zeitschrift für deutsches Altertum VI, 369.

daz siu niht gote werden swaer
als Domicianus
Herodes, Cyprianus
Nero, Julianus
Pilatus, Antiochus
Pharao, Olibrius,
und manger der noch hiute lebt
und vestecl͏ich von Gote strebt."

Christlicher Bekehrungswille, Gottesdienst und Glaubenseifer tragen das Gedicht Rudolfs von Ems: Barlaam und Josaphat[44]). Als ungläubiger Gottesgegner und sündiger Zweifler erhält Julian seinen Platz gleich nach Herodes unter denen, die „unser herre Krist verdarbte" zusammen mit Domitian, Antiochus, Nero, Holofernes, Pharao, Pilatus und Judas, und wieder reiht sich an die Kette der bösen Namen, deren Träger dem verdienten Lohn ihrer Sünden nicht entgangen sind, die Warnung vor dem gleichen Los bei Nichtachtung des göttlichen Willens. Julians Name durfte nicht fehlen in einem Gedicht, dessen Aufgabe die Verherrlichung der Lehre Jesu war:

„Diz maere ist niht von ritterschaft
noch von minnen diu mit kraft
an zwei gelieben geschiht;
ez ist von aventiure niht,
noch von der liehten summerzît:
ez ist der welte widerstrît
mit ganzer warheit, âne lüge;
sunder spot und âne trüge
ist ez an tiuscher lêre
der kristenheit ein êre"[45]).

Sowohl bei Rudolf von Ems wie im Gedicht vom Antichrist ist es nicht gelehrtes Wissen oder Kenntnis der Antike, die Julians Gestalt heraufbeschwört, sondern Erbgut aus der Kirchenliteratur, das dem frommen Verfasser, wenn nicht direkt aus der schriftlichen Aufzeichnung, aus mündlicher Überlieferung der Klöster und Prediger bekannt sein mochte, der zufolge Julian der berüchtigte Kirchenfeind war.

Anderen Ursprung hat Hugo von Trimbergs[46]) Wissen von Julian im typischen Bildungs- und Lehrgedicht, dem „Renner", nämlich gelehrte Kenntnis, die sichtlich bestrebt ist, den aus Kirchen- und

---

[44]) Hg. Pfeiffer, Leipzig 1843.
[45]) l. c. S. 404.
[46]) Hg. Ehrismann, Tübingen 1909.

Profanschriftstellern übernommenen Stoff anzuführen, um mit der erworbenen Bildung zu prunken. Von Haß und Neid, den die Toren stets gegen die Weisen hegten, und dem Leid, das diesen daraus erwächst, ist in der „Quinta distinctio" die Rede. Als einer dieser von Mißgunst Verfolgten spricht der Dichter und nimmt die Heiden Julian und Priscian vom gleichen Los aus. Doch verweigert er ihnen die Sympathie nicht nur aus Frömmigkeit, sondern um auch hier sein umfassendes Wissen anzubringen.

„Herr Prisciân hat hie niht stat
Wenne er von unserm gelouben trat
und wolte niht kumen wider dar an:
Sam tet sin herre, her Jûlian
Der vil manic herzeleit
Tet der heiligen Kristenheit
si sint billichen von disen gescheiden"[47]).

Eine mittelalterliche Einzeldarstellung Julians findet sich im zweiten Teil des „Gallicanus" der Hrotsvitha von Gandersheim[48]). Hier tritt zum erstenmal Julian im Drama als Person redend auf, aus der sagenhaften Ferne und Verschwommenheit der Kirchenhistorien und Chroniken nun plastisch in greifbare Nähe gerückt. Von der dramatischen Gestaltung des Lebens und Schicksals der Märtyrer Johannes und Paulus ausgehend, schildert Hrotsvitha im ersten Teil des „Gallicanus", wie dieser Feldherr Constantins durch Johannes und Paulus zum Christentum bekehrt wird und verfolgt im zweiten Teil das fernere Schicksal der Märtyrer, die unter Julians Herrschaft unbesiegt für ihren Glauben sterben. Hier allein lebt etwas vom Kaiser Julian, der großen Persönlichkeit weiter, gesehen und verdichtet festgehalten von einem schöpferischen Menschen. Auch bei Hrotsvitha ist Julian der historische Feind und Verfolger der Christen und die Verherrlichung des neuen Glaubens Sinn ihres Schaffens, doch Julian ist kein sagenhafter Teufel oder Erzbösewicht, zu dem ihn das Mittelalter sonst verzerrt. Das Gleichgewicht der Kräfte fordert den würdigen Gegner. Zur Wahrung seines Amtes verpflichtet, ist Julian auch fähig, es zu verwalten. So darf er die widersetzlichen Christen

---

[47]) Priscian war zwar Christ, galt aber dem Mittelalter als abtrünniger Heide. Daß mit „sin herre Jûlian" sein Freund Patricius Julianus gemeint ist, dem Priscian sein berühmtes Hauptwerk „Institutio de arte grammatica" widmete, erscheint in Anbetracht der genannten Wirkung Julians auf die Christenheit wenig wahrscheinlich.

[48]) Hrotsvithae Opera ed. P. von Winterfeld. Berlin 1902.

Johannes und Paulus fragen, warum sie seinen Vorgängern gehorsam waren, sich gegen ihn aber auflehnen: *„Num non videor augustus?"* ohne Gefahr das Gegenteil als Antwort zu erhalten, die dann auch den Sinn der Frage bejahend, doch seine abwegige Eigenheit andeutend lautet: *„Sed dissimilis prioribus"*. Seine ablehnende Haltung dem Christentum gegenüber, durch die er sich von seinen Vorgängern unterscheidet, weiß Julian geistig zu begründen:

„.... non opto eos in hoc sequi (in der Befolgung der Lehre Christi) ... ego quondam stultus talia exercui et clericatum in ecclesia optinui ... at ubi nihil utilitatis inesse deprehendi, ad culturam deorum me inflexi. Quorum pietas me provexit ad fastigium regni."

Als innerlich vornehmer Mensch bekennt sich Julian ebenso offen und klar zu seiner Lehre wie die Märtyrer zu der ihrigen. Er sträubt sich nicht, den früheren Irrtum seines Klerikats einzugestehen, von dem er abkam, als er die mangelnde „Tüchtigkeit" (utilitas) der christlichen Kirche erkannt haben wollte. Seine heidnische Frömmigkeit ist belohnt, und den Göttern dankt er sein Imperium. Milde und großmütig gibt er den beiden Christen trotz ihrer herausfordernden Reden „parcens audaciae" eine Bedenkzeit, ehe sie die Strafe erleiden sollen. Und als der Befehl zur Hinrichtung nötig wird, gebietet des Kaisers höfische Urbanität *„... perimantur, non palam, sed nimium occulte, quia palatini fuere"*. Julians Untergang aber ist von Gott gewollt, und wie der Chor der Antike verkündet am Schluß die Christenheit sein Ende. *„Ideo namque ipse divina perculsus est ultione."*

Mit klarem Blick, frei von den Anschauungen der in selbstzwecklichen Vorurteilen befangenen Kirchentradition stellt Hrotsvitha in Julian den Kaiser und großen Herrn dar[49]), obwohl Anlaß und Sinn ihres Dramas die Verherrlichung des christlichen Glaubens ist. Festgefügt greift Szene in Szene. Mit den sparsamen und doch so eindringlichen Gebärden, wie sie auch die Plastik der vollendeten karolingischen Renaissance aufweist, mit wenigen Worten versteht Hrotsvitha um ihre Gestalten einen geistigen Raum zu schaffen, in dem nichts tot, geziert oder unausgefüllt bleibt. Was gesehen und gesagt wird, lebt auch wirklich in Wort, Ton und Geste.

Nach Vorbildern, Erklärungen, Beziehungen zu suchen, wie weit die Nähe und Bedeutung des ottonischen Hofs, die Erinnerung an Karl

---

[49]) Vgl. auch Goethe: Werke, Weimar 1909. IV. Abtlg. Bd. 47, S. 269. Zitat aus einer Vorlesung Villemains: „Il y a là (bei Hrotsvitha) un sentiment vrai de l'histoire. Julien ne paraît pas un féroce et stupide persécuteur comme l'auraient imaginé les légendaires du 6. siècle. La religieuse de Gandersheim avait saisi le caractère de Julien . . ."

den Großen, Würde und Macht des römischen Imperiums wiederbelebten, scheint überflüssig, wo die menschlich hohe Art des Gestalters Erklärung genug ist. Aus eigenem edlen Sinn und reifem Wissen mußte die Gandersheimer Nonne schöpfen, sonst hätte sie trotz hoher Begabung und Schulung an der Antike zwar ein gut szeniertes Drama, aber kein menschlich echtes und ursprüngliches Werk schaffen können.

Wären ihre Dramen im Mittelalter nicht verschollen gewesen und erst in den Tagen der Renaissance wieder aufgetaucht, so hätte sich an Hrotsvithas Juliangestalt vielleicht schon damals eine außerkirchliche Tradition anschließen können[50]).

III. REFORMATION UND HUMANISMUS.

Reformation und Humanismus bringen durch die Lockerung der Kirchentradition angesichts der neuen Lutherischen Lehre und die wachsende Kenntnis vom Altertum in vielen Fällen Leben in die starre Überlieferung vom Ketzerkaiser und zaubernden Tyrannen, doch ohne sie vollkommen umzustürzen.

Im allgemeinen sind die Reimchroniken des 16. Jahrhunderts nicht unterscheidbar von denen des 15. Jahrhunderts. Und auch in den Heiligenleben und Schwanksammlungen bleibt Julian — soweit er überhaupt erwähnt wird — der Ketzer und Tyrann. Im Streit der Katholiken und Lutheraner wird des Apostaten Name selten als Waffe gebraucht. Die göttliche Gewalt, der beide Parteien unterstanden, wurde wohl zu sehr als einende Macht empfunden, als daß sie sich gegenseitig als julianisch abtrünnige Heiden bezeichnen konnten, andererseits war der Name des Apostaten nicht populär genug, um in den Glaubenskämpfen ohne viel Erörterungen etwas zu besagen.

Eine Ausnahme hierin bildet Luther, der noch in dem alten Glauben befangen, Julian sei nur Tyrann und „verleugneter Christ" gewesen, seinen Namen als abschreckendes Beispiel für die Bösen verwendet und auch seine eigenen Wiedersacher mit ihm vergleicht:

---

[50]) Eine lebhaft dramatische Behandlung der Basiliuslegende findet sich in dem französischen „Miracle de l'empereur Julien" aus dem 14. Jahrhundert (Miracles de Nostre Dame ed. Paris et Robert, t. II. Paris 1877). Julian tritt auf als der vornehmste unter anderen französischen Pairs. Er ist zum Heidentum zurückgekehrt, herrschsüchtig, ungerecht gegen Basilius. Doch spricht er nur zu Beginn des von Teufelsspuk erfüllten miracle selbst. Die gleiche Legende war Stoff des „miracle de St. Basile" Gautiers de Coincy (Les Miracles de la Sainte Vierge ed. Poquet, Paris. 1857) aus dem beginnenden 13. Jahrhundert gewesen, das Julian als „cil antécriz" bezeichnet.

„Dieser König will Christus den König über alle Könige vertreiben, an welchem doch weidlich angelaufen und sich zu stoßen haben Cain... Julianus der Mammeluck.“[51]).

Dabei erwirkten die Schrecken der Türkenkriege, die Gefahr eines stets drohenden Einfalls dieses meistgefürchteten Feindes für Julian den neuen fluchwürdigen Namensvergleich: Mammeluck. Auf Julians Verbot der christlichen Lehre führt Luther auch den „Ursprung“ — gemeint ist wohl die Verbreitung — der äsopischen Fabeln zurück.

„als der grausame Tyrann Kaiser Julianus, ein Mammeluck und verleugneter Christ, ernstlich im Kaisertum verbot, die heilige Schrift und Gottes Wort offentlich zu lehren, predigen und zu bekennen, da waren zween fromme Bischöfe ... die lehreten die jungen Knaben in den Schulen, die haben mit solchen Fabeln gespielet, mit verdackten und verblümeten Worten sie unterrichtet[52]).

Den Vergleich mit den Türken übernimmt Bertholdt von Brandenburg[53]) in seiner „Kleinen Kaiserchronik“:

Julianus auch Kaiser ist
Ein Mammeluck und böser Christ
Apostata drümb wird genannt“.

Auf die Erzählung vom gotteslästerlichen Tod in Persien folgen bei Bertholdt im Sinne der Kaiserchronik die spöttischen Verse:

„Fein ehrbar es der Kaiser macht,
den besten Schatz von Rom wegbracht.“

Wenige Jahre später schreibt Adelar Rhote[54]) in seiner römischen Kaiserchronik alle Reime Bertholdts über den mammeluckischen Apostatenkaiser ab, läßt aber bereits die auf die Sage vom geraubten Gold anspielenden Verse fort[55]).

Die Bereicherung des Julianbildes durch den Humanismus geschah weniger durch das weltliche Interesse an seinem Schicksal. Unter dem Einfluß der Kirche zum Symbol der Sünde und des Unglaubens ge-

---

51) Martin Luther: Tischreden. Weimar 1916, IV, 420.

52) l. c. VI, 16.

53) Christian Bertholdt von Brandenburg: Die Kleine Kaiserchronica 1578.

54) Chronica das ist Beschreibung aller Römischen Kayser. Heidelberg 1582.

55) Dem Sinn nach gehören ins Mittelalter die kindlichen Angaben über Julian den Apostaten von Jacob Mennel (Kaiserall und Papstall 1522), Hans Sachs (Der Fürsten Schatz, Straßburg 1538), Georg Mayr (Beschreibung von dem Namen, Herkommen und Ursprung der ersten weltlichen Obrigkeit 1580).

worden, mochte es wenig Anreiz bieten zu neuer Gestaltung[56]. Die Neubelebung geschah gleichsam widerwillig aus der Fülle der Kenntnis und aus einem Streben nach Sachlichkeit, das eine grobe Verzerrung der wirklichen und nachweisbaren Tatsachen nicht mehr duldete. Gefühlsmäßig stehen die Chronisten — selbst ein Sebastian Franck — auf dem Boden der julianfeindlichen Kirchenhistorie, doch sie haben Eutropius, Aurelius Victor, Sextus Rufus gelesen; 1518 hatte Erasmus von Rotterdam in Basel die Werke Ammians herausgegeben, 50 Jahre später druckte Hermann Vitekindo die Vitae Caesarum des Suidas, in denen er eingehend vom Schriftsteller Julian, dem Verfasser der „Caesares", „Kronia", des „Misopogon", spricht.

So weisen Hans Schott[57], der zweite Terenzübersetzer Johann Episcopius[58], Johann Hasentöter[59], Fabri von Heylbrunn[60] gelehrtere Kenntnis auf, doch gleichen Klang wie die mittelalterlichen Reimchroniken. Die Moral ihrer Geschichten ist stets, daß der böse Julian für seine Christenverleugnung und Gotteslästerung in Persien das verdiente Ende findet „und was damit sein Hochmut us".

Es folgen die Stellen, aus denen das erweiterte historische Wissen dieser Chronisten deutlich wird:

Schott: „*Vernünftig, gschyd, lystig und gleert*
was diser Keyser der auch meert
das römisch Reich mit starker Hand . ."

Episcopius: „*Von Natur Julianus war*
ein listig Jüngling ganz und gar
ein geschwinder Kopf konnt wie ich sag
jedem die Stelzen wohl beschlag
in seiner Jugend studiert sehr
die nacht zum tag oftmals tät er
. . . .

[56] Petrarca rechnet Julian nicht zu den „Viris Illustribus", sondern zitiert ihn unter den Tyrannen und Feinden des Christenglaubens (De Remediis fortunae, deutsch Frankfurt a. Main 1596): „wer kann alle Caligulas, Nerones, Domitianos, Commodos, Heliogabalos, Bassianos, Gallienos . . . . die Maximinos, und die Feinde des Christenglaubens, alle Decios und Julianos erzählen?"

[57] Das Weltlich Leyenbuch, Straßburg 1541.

[58] Ein schön new lustigs Kaiserbüchlein, Würzburg o. J.

[59] Chronica das ist Beschreibung der fürnembsten gedechtnuswirdigen Historien, Königsberg 1569.

[60] Von Ankunft und Herkommen der römischen Bischoff . . . Auch von des Römischen Reiches Monarchey, Augsburg 1550.

von dem Libanio Rhetor
welcher der Christen Spötter war
verführt ist worden ganz und gar."

Hasentöter: „*Die Teutschen treibt aus Gallia*
so das Land hätten bkümmert gar
gewann auch Cöllen an dem Rein
und andre Stedt am Rheine gelegen
bey Strassburg kommen im entgegen
die Teutschen der dasselbig mal
erschlagen wird ein große zal."

Fabri: „*Er hat bei Strassburg in einer grossen Schlacht etliche Tausent Teutschen erlegt.*"

Worauf die historische Würdigung Julians zurückgeht, ob auf Kenntnis Ammians — möglicherweise über die großen Chroniken von Schedel, Aventin, Franck — auf die vielseitiger zusammengestellte Übersetzung der „Historia Tripartita" durch Hedio[61]), oder die sachlichere Lektüre der Kirchenschriftsteller, läßt sich nicht entscheiden. Es genügt auch für den Wandel des Julianbildes festzustellen, daß die Renaissance Julian den Apostaten nicht weniger haßt und schmäht und meist nicht anders als das Mittelalter an seine Greueltaten und die von ihm berichteten Zaubergeschichten glaubt, daß sie aber gegenüber der gleichen mittelalterlichen Gesinnung eine stoffliche Wissensbereicherung aufweist. Von Julian dem Ketzer und Tyrannen war bereits übergenug Böses und Wunderliches bekannt, so blieb nur das Wissen von Julian dem kaiserlichen Feldherrn und Sieger zu erweitern.

Neben den Kaiser- und Papstkatalogen in Reim und Prosa finden sich im 16. Jahrhundert auch ausführliche deutsche Prosachroniken. Hier kommt noch deutlicher zum Ausdruck, wie die einzelnen Chronisten sich mühen, dem Kaiser Julian gerecht zu werden, wie sie aber ihrem besseren Gewissen folgend den Wert aller seiner guten Taten mit der einen großen Schuld, dem Abfall vom Christentum, aufheben. Was im Mittelalter noch wahres, nicht begreifendes Entsetzen vor dem Abtrünnigen war, vor dem Ausgestoßenen aus der einzigen, alles umfassenden Gemeinschaft der Kirche, schwächt sich zu Nörgelei und Tadel ab in einer Zeit, wo die Einheit der Kirche aufgehoben ist, und Gezänk und Streit aus den gespaltenen Lagern klingt, und wo dem

---

[61]) Caspar Hedio: Chronica der alten christlichen Kirche, das ist Übersetzung der Kirchengeschichte, Straßburg 1545.

katholischen Glauben das protestantisch-humanistische Wissen als bildende Kraft sich zugesellt. Doch um Julian ganz losgelöst vom Kirchenbann zu sehen, war die Bindung durch den Glauben noch zu stark und das historische Wissen nicht umspannend genug; der entscheidende Durchbruch blieb einem aufgeklärten, rationalistischen Zeitalter vorbehalten.

Hartmann Schedels „Buch der Chroniken und Geschichten"[62]), eine der Hauptquellen Sebastian Francks, enthält sich der Wiedergabe aller Zauber- und Wundergeschichten über Julian, nennt ihn auch keinmal Apostat. Julian siegt bei Straßburg mit wenigen über viele, wird „mit Einwilligung der Ritterschaft" zum Kaiser gewählt, seine guten Eigenschaften werden gerühmt:

„Nun was dieser Julian ein fürtreffenlich Mann in freien Künsten erfahren, aber in griechischer Schrift noch gelehrter, starker und behender Redsprechigkeit, pladfahiger starker Gedachtnus und gàn den frûnden milt, gan der landschafft auffgericht, der Ehren und des Ruhms begierige."

Doch muß der Chronist gleichsam bedauernd feststellen, daß die Vereinigung so vieler guter Eigenschaften bedeutungslos wird vor der einen schlechten, der Christenfeindschaft, und auf Grund seiner Quellenkenntnis und eigener Witterung, wie wohl die Dinge gewesen sein mochten, tadelt er vor allem Julians mildes Vorgehen gegen die Christen, das er als schlaue Taktik hinstellt, der viel schwerer auszuweichen sei als brutaler Gewalt:

„Aber er hat diese Ding alle vertunkelt und ausgekehrt, do er sich zu Verfolgung der Christen gewendet hat. Aber er was ein listiger Verfolger denn die anderen gewesen waren. dann er hat erstlich nicht mit neuer Peinigung, sondern mit Belohnung, eren, sinaychlung, Liebkoserei und Räten mehr dann ob er grausamer gewesen war, denn mehreren Teil des Volkes angeraizet."

Deutlich spricht hier ein umfangreiches humanistisches Wissen, dem mittelalterlichen Zauberspuk entwachsen, doch ohne selbständige Geschichtsauffassung oder Begreifen einer historischen Persönlichkeit. Den Ausschlag bei der Beurteilung Julians, wenn man überhaupt von einer solchen sprechen kann, gibt die Autorität der Kirche; Auflehnung gegen ihre Gebote und Verbündung mit den glaubenslosen Heiden bedeutete unter allen Umständen verabscheuenswerte Sünde. Das sagte das eigene Gefühl, und das hatten die Kirchenhistorien jahrhundertelang eindringlich genug ausgeführt.

---

62) Augsburg 1500.

Die göttliche Offenbarung im Weltgeschehen wiederzufinden, ist Sinn der Geschichtsschreibung Sebastian Francks[63]). Deutlich und immer wieder spricht er in der Vorrede zu seiner „Geschichtbibel" dies Prinzip und seine Durchführung aus, nämlich ohne Lob und Tadel, ohne konstruierende Wahl und Deutung der Quellen die Geschichte selbst sprechen zu lassen, einem jeden zu dem Nutz und Frommen, den er für seine eigene Person ihr entnimmt. Dies hat zwar zur Folge, daß die widersprechendsten Tatsachen und Urteile nebeneinanderstehen, daß Julian im zweiten Teil der Geschichtbibel (Chronica der Kaiser) nach den historischen Quellen der Antike geschildert wird, und im dritten Teil (Chronica der Päpste) die Kirchenschriftsteller zu Wort kommen. Doch würde das den nachdenkenden Leser, den Franck sich wünscht, ja nur darüber belehren, daß von Julian zwei verschiedene Ansichten von je bestanden. *(„Will . . . wie eim Chronikschreiber zustehet, eines jeden Geschichten erzehlen, und dem Leser zu urteilen aufopfern, daz Urteil einem jeden heimstellen und in sein büsen stoßen.")* Ein besinnlicher Geist müht sich um die Rätsel der Welt und ihren Niederschlag im Menschengeschehen. Wenn auch die lastende Fülle der Tatsachen und Quellen oft die Durchdringung des Stoffes hindert, so ist der Wille dazu doch spürbar.

In der Schilderung von Julian dem Kaiser hält sich Sebastian Franck zum größten Teil wörtlich an Schedels Bericht, wenn er auch Julian, der nach seiner Taufe gegen das Evangelium Christi geschrieben hat, Apostat nennt. Von Julian dem Ketzer heißt es im dritten Teil:

„. . . Julianus, ein Mönch großer Heiligkeit. Diesen fürscheinenden Gleisner traf das Glück dass er Kaiser ward aufgeworfen, als etlich meinten durch Zauberei zuwegen gebracht."

Aus der doppelten Beurteilung Franck einen Vorwurf zu machen, verbietet außer der Gesamtvorrede zur Geschichtbibel auch das Vorwort dieses dritten Teiles, in dem betont wird, daß nach seiner eigenen Meinung mancher der aufgeführten Ketzer unter die Heiligen gehöre. Doch geht aus allem hervor, daß der gottgläubige Franck Julian trotz Anerkennung seiner Verdienste nicht allzugut gesonnen war, und nur seine bescheidene Zurückhaltung der eigenen Meinung, sein Gerechtigkeitssinn und sein Amt, deutungslos das göttliche Geschehen aufzuzeichnen, hindern die offene Abkehr vom Apostaten.

Auch in Francks „Deutscher Chronik" (l. c.), in der nach gleichem Grundsatz und mit erweiterter Quellenkenntnis von Julian, dem

[63]) Chronica, Zeitbuch und Geschichtbibel von Anbeginn bis in die Gegenwart 1536 und Chronica des ganzen Teutschen Lands. Bern 1539.

Kaiser und Apostaten zugleich gehandelt wird, ist wie in der Geschichtbibel, deutlich erkennbar, Quelle um Quelle exzerpiert und aneinandergereiht ohne eigentlichen Aufbau und leitenden Gedanken. So steht etwa nebeneinander: Julian nähme den Geistlichen *„Previlegia, gelt, bistumb, gesatz und gewonheit und wendets an sein hof“* — wohl eine dunkle Erinnerung an die Sage vom eigennützig geraubten Gold — oder Aventins aktuelle Beurteilung: *„Julian ist ein großer Zauberer und Schwarzkünstler gewesen“* und gleich danach *„Eutropius lobet Julian über die Maßen“* oder ein Zitat aus Aurelius Victor und Ammian.

Daß aber Franck in seiner Ausführung nicht nur mit humanistischer Gelehrsamkeit überladener Kompilator ist, zeigt die geistige Sinndeutung der schon von Schedel anerkannten julianischen Politik: Julian *„hat mehr abfellig gemacht mit seinen Praktiken und geschwinden Griffen, denn Nero oder Diokletianus mit seiner Tyrannei“.*

So hat Franck kein eigenes Julianbild geschaffen. Obwohl ursprünglicher Geschichtsdenker und Persönlichkeit ist er zu sehr pietistischer Grübler und weltfeindlicher, nur in Gottes Willen ergebener Zuschauer des Lebens, um mit sicherer Hand aus einem Wust von Überlieferungen das ihn Ansprechende zu wählen und zu gestalten. Wenn auch Begabung und Innerlichkeit ihn dazu wie wenige befähigt hätten, so war seine Aufgabe eben eine andere: Begründer einer Geschichtsphilosophie zu werden.

Einen Nachahmer fand Franck in dem Straßburg-Frankfurter Buchdrucker Christian Egenolff[64]), der, humanistisches Wissen mit persönlicher Neigung zur Toleranz verbindend, Julian in seiner Chronik keinmal Apostata schilt und ihn im ganzen in Anlehnung an Ammian schildert. Überall die weise Fügung Gottes zu sehen und seine Werke ohne Eigendünkel und Besserwissen anzuerkennen, ist auch Egenolffs leitender Gesichtspunkt, wie er denn in seiner Vorrede wörtlich Sebastian Franck abschreibt:

> *„Dann werden aber Historien mit Frucht gelesen, so man nit alleine die gschicht ansiehet und verwundert, sondern gotes darin acht nimpt, mit David in der Stille, losend was er in uns rede . . . alle Heiden und Ketzer dermassen vernimpt, dass mans gold vom Kat scheide, kein wahrheit von der lugen wegen verschlauder, vielmehr als feingolt anbete, und got auch in Heyden, Juden und Ketzern liebe und ehre.“*

Daß diese Anerkennung der Franckschen Prinzipien nicht allgemein war, lehrt die Fortführung seiner Geschichtsbibel durch Calo-

---

64) Chronik von An- und Abgang aller Weltwesen. Frankfurt 1532.

nius Ghönneirus[65]). Er bringt Francks Angaben über Julian vollständig, vermehrt sie aber in der Ketzergeschichte um eine beträchtliche Anzahl der märchenhaften Erzählungen der Kirchenhistorien unter dem Titel: „Gedächtniswürdige Geschichten von dem Kaiser Juliano", in denen er Julian mehrfach als „Bluthund" bezeichnet, eine parteiische Maßlosigkeit, die bei dem vorgeblichen Fortsetzer Francks befremden muß.

Verglichen mit Franck gibt die Tatsachenfülle, die Aventin[66]) in der „Bayrischen Chronik" ausstreut, eine geschlossenere Anschauung von Julian, da er tatenfroh und voll patriotischer Begeisterung mehr vom siegreichen Bezwinger und zugleich Wohltäter Galliens zu sagen weiß als von dem Ketzer der Kirchenhistorien. Vier Jahre hat sich Julian *„mit den Teutschen gekatzbalgt"*, *„da er in die Stadt Wien einzog, sagt ihm ein alt Weib wahr, er würde die Kirchen der Götter wiederaufrichten"*. Ganz ausführlich werden die einzelnen Zusammenstöße in Gallien nacheinander beschrieben. Kindliche Lust am Anschaulichen freut sich an Julians Wahl zum Augustus in Paris, wie überhaupt die Vorliebe für den tüchtigen Kaiser deutlich Ausdruck gewinnt:

„Wa nur zween beieinander waren auf der gassen, in allen Häusern und Gemachen war ein Geschrei: Julianus hätt gross Teutschland gedämpft und zum Brät bracht, . . . jetzt under Juliano seien sie dennoch seliger denn die Flecken, so keine Feind nie gesehen haben und doch unter dem Kaiser Konstantio müssen sein . . ."

Es folgen weiter seine guten Eigenschaften:

„Er ist fast sinnreich gewesen, hat ein scharfen Kopf gehabt, in allerlei Künsten über die Mass geübt, in allen Tugenden, in Krieg und Frieden geschickt, von menniglich gelobt."

Auch die bekannte Einschränkung des Lobes fehlt nicht:

„Der Kaiser Julianus ist fürwitziger gewesen denn Kaiser Hadrianus, heimliche verbotene Künste zu erforschen, künftige Ding zu wissen, hat sich zu fast auf Wahrsagen geben aus den geopferten Kühen, Kälbern und Vögel sehen, auf die Geister Bannen und Beschwören, auf die Schwartzenkunst und dergleichen Narrenwerk, so lauter Büberei und Betrug ist, ist auch in seinem Glauben in der Ehrung der alten Götter mehr (als auch seine Rät nicht leugnen) abergläubig denn rechtgläubig gewesen."

---

[65]) Geschichte und Zeitbuch . . . jetzt aber durch Calonium Ghönneirum . . . ausgeführt und vermehrt. 1585.

[66]) Bayrische Chronik. 1566.

Doch ist der Tadel zum Teil auf Ammian zurückgehend frei von kirchlichem Haß, voll Sympathie für den tapferen Kaiser, väterlich wohlwollend und in eigenen Vorstellungen und Vergleichen zur Sprache gebracht:

„Doch ist Julianus zu sehr der zeitlichen Ehr und Lobs begierig gewesen, kecker denn einem Kaiser gebührt, denn so an eines Kaisers Leib und Leben das gantz Römisch Reich und aller Menschen Glück steht, soll er sein Leib und Leben wiewohl allweg doch voraus im Krieg wohl in guter Hut haben und mit allem Fleiß vor Fährlichkeit bewahren.“

Man vergleiche diese treuherzige Mahnung Aventins mit dem schulmeisterlichen Kritteln Schedels, wonach Julian „also unweysslich“ Kriege führt, daß er darin umkommt. Beide Verweise beziehen sich wohl auf die bei Ammian geschilderten Schwierigkeiten, denen das römische Heer in Persien ausgesetzt war.

Einen antiken Heros sehen auch diese Chronisten nicht in Julian; einmal beirrte sie die Zwiespältigkeit der überkommenen Berichte, dann aber waren sie viel zu sehr in der eigenen umhegten Bürgerlichkeit befangen, um Sinn für antike Größe zu entfalten, von der Kraft, ihr ebenbürtig Ausdruck zu verleihen, ganz zu schweigen. Doch dem vermehrten Wissen dieses frühesten Bildungszeitalters ist das Wiederaufleben der antiken, julianfreundlichen Überlieferung zu danken, die bis dahin durch die dominierende Herrschaft der Kirchentradition verschüttet gewesen war.

Daß diese Kirchentradition auch im 16. Jahrhundert noch weiterbesteht, zeigt das umfangreiche Heiligenleben in deutscher Sprache eines Ludovicus Rabus[67]), in dem die meisten Spuk- und Teufelsmärchen über Julian sich gesammelt finden[68]). Außerdem mochte die erweiterte Übersetzung der „Historia Tripartita“ durch Caspar Hedio[69]) die Kunde von den Greueltaten des Wüterichs Julian von

---

[67]) Der Heiligen Auserwählten Gottes Zeugen, Bekennern und Martyrern so in anngender Ersten Kirchen, Alts und Neus Testament zu jeder Zeit gewesen seind, wahrhaftige Historien aus heyliger, göttlicher und der Alten Lehrer glaubwürdigen Schriften. Straßburg 1552.

[68]) Ebenso: „Tragica seu tristium Historiarum de Poenis criminalibus et exitu horribili eorum qui Impietate, Blasphemia, contemptu et abnegatione Dei . . . perpessi sunt“. Islebiae 1597. — „Magica seu mirabilium — historiarum de Spectris et Apparationibus spirituum“, Islebiae 1597. — „Magnum Speculum Exemplorum ab Anonymo quodam“, 1603. — Sabellicus: Exempelbuch, verteutscht durch Leonhard Brunner, Straßburg 1535.

[69]) l. c., vgl. auch Caspar Hedio: Ein auserlesne Chronik von Aufgang der Welt. Straßburg 1539.

neuem in Umlauf setzen. Jedenfalls machte sie den dort aufgehäuften Wissensstoff allen nicht gelehrten und doch bildungshungrigen frommen Bürgern zugänglich. Aus ihr entnimmt auch Hans Sachs den Stoff seiner Schwänke und Legenden von Julian.

Ebenso nennt das Zitat der bekannten Bösewichter weiterhin Julian, doch ist die dem Namen der einzelnen Aufgezählten innewohnende magische Kraft meist abgeschwächt; weniger das sagenhafte Raunen vom Übeltäter geht von Mund zu Mund und wirkt moralisch auf die furchtzitternden Hörer als daß die Träger gelehrter Bildung ihr historisches Wissen anbringen und aufeinandertürmen, was ihnen an Bildern und Namen im Gedächtnis geblieben oder sonst erreichbar war. Die ehemals in einen solchen Namen gebannten Urkräfte sind fast geschwunden, das entseelte Wort ist als bloßer Stoff und Bildungsfaktor zurückgeblieben und wird als technisches Mittel zur Übertrumpfung gebraucht. Deutlich wird diese Wandlung durch Vergleich des Ausdrucks kirchlich-mittelalterlicher Reimkunst, wie er sich fern von humanistischem Bildungsleben noch in Ringwalts[70]) „Treuem Eckart" findet, wo Julian mit anderen Ungeheuern zusammen in der Hölle sitzt:

„Herr Cain, Nero, Julian
Der Antichrist, Domitian
Gog, Magog und die falsche Schul
Die singen so im Feuerpful"[71])

mit der Julianstelle im „Nollhart" des Pamphilus Gengenbach[72]). Dreizehn Bösewichter, darunter Julian, vermögen mit ihren Schreckenstaten nicht den bevorstehenden Jammer und das kommende furchtbare Unglück zu übertreffen. So prophezeit der weise „Bruder der Stadt Rom" dem fragenden Bischof von Mainz:

„Am Rheinstrom wird es ubel gan
Wan ein Küng on runtzeln wirt uff stan

. . . .

Groß jamer not wirt dyser stifften

. . . .

Gleich wie Antiochus auch det.
Wirt böser dann Joab gewesen ist

. . . .

---

[70]) Christliche Warnung des Treuen Eckarts. Frankfurt 1588.

[71]) Die gleichen Verse führt Andreas Hartmann an in der „Durchaus christlichen Comoedia vom Zustand im Himmel und in der Hellen", Magdeburg 1600.

[72]) Hg. Goedecke 1856.

Wirt böser dann auch was Achab

. . . .

Apollonius was nit so hert

. . . .

Holofernes mag im nit verglichen

. . . .

Domicianus was nit sein geleich.
Diocletian sollt mercken meich.
Darzu der schalkhafft Dacian

. . . .

Maximianum ich dessgleichen find,
Affricanus und J u l i a n
Darzu Nero und Adrian,
Der Keynr hat so vyl bosheit triben
Als man von diesem findt geschrieben."

Eine humanistische Blütenlese verhaßter Namen, unter denen Julian nicht fehlt, bringt das Vadian zugeschriebene[73]) „*W e g g e s p r e c h gen Regenspurg zuo ins Concilium zwischen einem Bischof, Hurenwirt und Künzen, seinem Knecht*"[74]), eins jener Pasquille der Reformationszeit, wie sie um Hutten in großer Anzahl entstanden. Durch schwierige, höchst gelehrte Antithesen, die dem einfältigen Knecht in den Mund gelegt sind, soll die Unfähigkeit der Bischöfe gezeigt werden. Wenn diese nämlich der Christenheit Böses antun oder Gutes verweigern, so sind sie versammelt „*im Namen des Teufels, Leviathans, in Minerva oder Pallas, ins Aristoteles, Thomas Scotus, und Bonaventura namen, in Lucifero, ins Antiochi oder Cresi namen, in Mamon und Baal, in Remmon und ins großen Alexanders namen, in Nefrach, Diana oder Astarot und ins Epicuri namen, im Dagon und ins Diocletiani und Decii namen, ins Kaiser J u l i a n i, des apostaten namen und ins Kaisers Neronis namen.*"

Für fast jeden dieser 24 Verfluchten ist ein anderer Grund angegeben, aus dem die Bischöfe in der mangelhaften Ausübung ihres Amts gerade dieser Gestalt gleichen. Für Julian „*item so ire ordnung dahin dienen werden, das man den lutherischen ir zeitlich gut nemen sol, so werden sie ins Kaiser J u l i a n i, des apostaten namen versamlet gewesen sein*".

---

[73]) Vgl. Paul Merker in: Studien zur Literaturgeschichte. Festschrift für Albert Köster. Leipzig 1912. S. 18.

[74]) Schade: Satiren und Pasquille der Reformationszeit 1858. III, 161.

Das der Kirchenhistorie entnommene Argument ruft die Erinnerung an Julians Edikt gegen den weltlichen Besitz der Geistlichen wach, das auf historischer Wahrheit beruht und den Kaiser, wenn auch nicht von günstigem Licht beleuchtet zeigt, so doch dem magischen Dunkel bereits enthoben hat. Dieses überladene Namensspiel, das des gelehrten Verfassers Freude an seinem Wissen zeigt, ist in einer späteren Cammerlander zugeschriebenen Bearbeitung bei ziemlich wörtlicher Wiedergabe des größeren Teils des „Weggesprechs" wohl wegen der geringen Popularität der genannten Namen fortgelassen.

Hutten[75]) selbst erwähnt Julian nicht. Für den weltlich-ritterlichen Streiter und Humanisten bot der von der katholischen Kirche als verworfener Abtrünniger gezeichnete römische Imperator wenig Interesse. Dem Humanisten lag es fern, einen römischen Kaiser unter die Teufel zu versetzen, dem Anhänger Luthers, eine pfäffische Streitwaffe zum eigenen Gebrauch zu übernehmen, andererseits war nicht die Stunde, eines vergangenen Helden Ehrenrettung vorzunehmen, wo es galt, täglich um die eigene zu kämpfen. In Huttens langen Reihen der Tyrannenbeispiele aus antiker Sage und Geschichte fehlt Julians Name gewiß nicht aus Unkenntnis, während er sich in mehreren ihm fälschlich zugeschriebenen Dialogen erwähnt findet, so im „Philalethus[76])" sichtlich als Wortspiel *(„quod Julius deinde secundus, plane et Julium et Julianum agens, Bernardino, hoc etiam nomine nos despoliante intentabat")* und im Dialog „Carolus[77])". Auf die Frage des Carolus, welche Strafe Julian, Nero und Domitian erleiden müssen, antwortet der Genius: *„Simul omnes liquefacto plumbo frixantur praeter unum Julianum, qui ob haeresim maxima trabe devinctus et supposita lapide pondere quinquaginta talentorum atque insolentissima podagra afficitur, quae ei maxima est poena"*. Anschließend wird Alexanders Strafe genannt, der, weil ihm der Erdkreis nicht genügte, nun mit einem fußbreiten Raume sich begnügen muß. Die Erkenntnis des Altertums, daß auch den Weltbezwinger endlich das enge Grab umschließt, wandelt sich hier zur Vorstellung einer Strafe um, und dies zeigt ebenso wie die aus begrenzter Phantasie und niederer Geistesart entspringende bürgerliche Auffassung von Julians Höllenpein, wie unhuttenisch die Gesinnung dieses Dialoges ist.

Nüchternes Wissen ohne magischen Schauer bezeugt Thomas Murner[78]) in der „Narrenbeschwörung". Dem Franziskanermönch

[75]) Schriften hg. Böcking.
[76]) Schriften IV, 510.
[77]) Schriften IV, 564.
[78]) Scheibles Kloster IV, 824.

war das Beispiel vom Christenverfolger aus der Kirchengeschichte geläufig, und er wendet es sachlich an. Daß Julians Name im allgemeinen auch jetzt nicht populär ist, geht aus seiner seltenen Führung hervor. Weder Sebastian Brants „Narrenschiff" noch Wickrams „Rollwagenbüchlein" oder andere Schwankbücher nennen ihn. Außerhalb des Kirchenzusammenhangs ist Julian kaum zum festen Symbol geworden, und wo sein Name fällt, ist er meist nur Bildungselement.

In diesem Sinn und aus der Überlieferung der Hedionschen „Historia Ecclesiastica Tripartita" formt sich Hans Sachs' Gesicht vom hoffärtigen ketzerischen Kaiser, dessen Leben er in drei „Historien"[79]) und einer „Comedia"[80]) behandelt. Die drei Historien: „Plag der Juden ob dem Tempel", „Juventin und Maximus", „Der gottlos landpfleger Julianus und Valentinian" sind gereimte Märtyrergeschichten, die sich nur durch Gewandtheit der Behandlung, nicht durch Anschauung von dem Prosabericht der Kirchenhistorien unterscheiden. Die einzelnen Umstände und Begebenheiten sind den Quellen treu nacherzählt, ohne die sonst bei Hans Sachs übliche Einkleidung des Geschehens in Brauch und Vorstellung seiner eigenen bürgerlichen Welt. Julian ist der grausame Tyrann und Christenverfolger der Tradition, und nur der „Beschluß" am Ende der Historien betont selbständig das Moralisch-Belehrende der Erzählungen, vor allem, daß der gewalttätigen Macht der Großen Gottes Strafe unmittelbar folge. Schon früher hatte die Überlieferung christlich-asketisch in Julians schneller Herrschaft und plötzlichem Tod nach öffentlicher Abkehr von der Lehre Jesu, Gottes Fingerzeig gesehen, auch zu Zeiten, wo sie sich voll Stolz über das Gelingen an der Größe anderer Mächtiger erbaute. Nun aber im lutherisch-humanistischen Deutschland, wo der behäbig-friedliche Bürger das Zeitgesicht prägte, mit seinem Maß das Glück ruhigen Wohlstands und besonnener Sicherheit abschätzte, mußte die machtfeindliche Gesinnung einem Ketzer wie Julian gegenüber besonders zum Ausdruck kommen. So konnte Hans Sachs die altbekannte Geschichte vom hoffärtigen Kaiser im Bad von niemandem glaubhafter erzählen als von Julian[81]).

---

[79]) Bibliothek des literarischen Vereins. Stuttgart Bd. 173.

[80]) Ebenda Band 149.

[81]) Über die Verbreitung der Sage vgl. Reinhold Köhler, Jahrbuch für romanische und englische Literatur, XII, 407 und v. d. Hagen: Gesammtabenteuer Bd. III S. CXV. Hans Sachs hat den Stoff außer in der Komödie noch in einem Meisterlied behandelt, wo der hoffärtige Kaiser in Anlehnung an die Gesta Romanorum, die Jovinian zum Helden machen, Jovian benannt ist. Ein Jesuitendrama (Superbia Saporis Persarum Regis coelitus Correcta, Wien 1674) berichtet diese Geschichte vom Perserkönig Sapor (bei dessen Bekämpfung Julian den Tod fand).

Die alte Fabel der Gesta Romanorum berichtet, wie ein Kaiser von seinem Hochmut geheilt wird, indem ein Engel ihm beim Bad die Kleider fortnimmt und sich für den Kaiser ausgibt. Der Zeichen seiner äußeren Würde beraubt, muß der Herrscher Spott und Verachtung der Welt erdulden, die ihn nicht wiedererkennt und ihm sein Kaisertum nicht glaubt, vor allem, da der Engel seine Stelle vertritt. Erst als dieser die Verwirrung löst, erhält der Kaiser sein Amt zurück. Einsicht in die Äußerlichkeit und das Vergängliche der irdischen Macht, Erkenntnis des göttlichen Waltens und der eigenen Begrenztheit haben den Kaiser von seinem Fehler befreit.

Diesen Stoff weitet Hans Sachs zu einer fünfaktigen „Comedia" aus und macht zum Helden des Stückes Julian, unbekümmert, daß nur im ersten Teil die Vorstellung vom hoffärtigen Kaiser erfüllt wird, und der Glaube an seine Bekehrung ein Loslösen vom bestehenden Bild des Apostaten verlangte. Aber er konnte gewiß sein, daß sein Publikum sich gleich ihm vom Geschehen fortreißen lassen würde, unbelastet von fest verankertem historischem Wissen und auch ohne eingewurzelte Abscheu und Schauer vor dem Namen eines großen Verworfenen — wie Judas oder Pilatus — oder grausamen Machthabers — wie Nero oder Domitian. Dem breiten Publikum der Bürger mochte wie seinem Sprecher Hans Sachs der Name Julian genug bedeuten, um unter ihm den Typus des gottesfeindlichen, von Hoffart besessenen Kaisers zu verstehen, er war für sie aber nicht eindeutig und zwingend genug, daß sie an einer Bekehrung Anstoß nehmen mußten, denn sie fühlten in dem Namen zu wenig von einer einmalig und bestimmt gerichteten Urkraft. Der Gedanke liegt nahe, Hans Sachs habe seinen orientalischen Kaiser nur zufällig unter diesem Namen eingeführt, ohne an eine historische Person zu denken, doch gibt der Prolog genau die Daten aus Julians Leben und Regierung an.

Die Handlung setzt bereits nach seinem Abfall von Gott ein, der ihm jedoch keineswegs Liebe und Achtung seines Gefolges geraubt hat, denn voll Besorgnis für des Kaisers Leben versucht man, ihn vom Plan der gefährlichen Wildschweinjagd abzubringen. Diese unveränderte Anhänglichkeit seines Hofstaats trotz seiner Christenverfolgungen bestärkt den Kaiser im Gefühl seiner Gottähnlichkeit. Geschickt baut Hans Sachs auf dem Motiv der Jagd die Handlung auf. Der vom Jagen erhitzte Kaiser sucht in einem Gebirgsbach Kühlung, und während sein Gefolge mit den Kleidern in einiger Entfernung wartet, nimmt ein Engel Julians Gestalt an, erhält des Kaisers Gewänder und zieht sich mit dem Gefolge zurück, um den richtigen Julian nur mit einem Bademantel bekleidet, einsam im dichten Wald zurückzulassen.

Mit Spott und Schande wird er unerkannt vom Hof eines seiner Getreuen und dann aus seinem eigenen Palast vertrieben, und als auch der Einsiedler ihn fortjagen will und sich vor ihm wie vor einem Teufel bekreuzigt, bereut der Kaiser alle Gewalttat und Hoffart, beichtet seine Sünden und bekennt sich zu Christus, worauf er wieder zum Kaisertum gelangt. Julian ist es ergangen wie König Nebukadnezar[82]), der

„Auch sieben jar verstoßen war
im waldt ass mit den ochsen grass
biss in gott auch demütigen was
das er sach das die regimendt
allein stunden in gottes hendt
das er die geb, welchem er wöl."

Vom historischen Julian ist außer den Angaben im Prolog nur seine Abkehr vom Christentum in die Komödie eingegangen. Alles übrige Geschehen ist durch die Fabel bedingt, auch das Lob des siegreichen Feldherrn und geliebten Herrschers am Anfang; denn den geschichtlichen Julian sah Hans Sachs — wie aus seinen Historien hervorgeht — mit den Augen Luthers und der Historia Tripartita folgend.

Ein Vergleich der „Comedia" mit den „Gesta Romanorum" zeigt den Unterschied in der Gesinnung des bürgerlichen Städters und auf Wahrung der Sittsamkeit bedachten Protestanten Hans Sachs gegenüber der mittelalterlichen Quelle, die bekannt mit ritterlichem Brauch und voll unbefangener Natürlichkeit ist. Nackt und bloß muß der Kaiser einherwandern, nicht allein Frau und Kinder halten ihn im eigenen Palast für einen Fremden, auch der Lieblingshund, der ihn anpackt, und der davonfliegende Falke erkennen ihren Herrn nicht. Hans Sachs übergeht diese für ihn bedeutungslose Episode und läßt den Kaiser züchtig mit einem „badtmantel" bekleidet Aufnahme suchen.

Außerdem stehen sich moralische Gesinnung und scholastische Lehre gegenüber. Im „Beschluß" weist bei Hans Sachs der „ernholdt" eindringlich auf die Moral der Comedia hin, die vor allem für die „christlich oberkeit" bestimmt ist, aber außerdem „jedermann in der Zeit" zu Demut und Gottesfurcht führen soll, während scholastische Allegorik die Erzählung der „Gesta Romanorum" beschließt. Das dem Kaiser schmeichelnde Gefolge bedeutet die Sinne, die verhängnisvolle Jagd — weltliche Eitelkeit unter der Hetze, von der sich der Kaiser durch ein Bad erholt, ist teuflische Versuchung zu verstehen, mit den Kleidern legt er zugleich die in der Taufe empfangenen Tugenden ab und so fort.

---

[82]) In einer Version dieser Fabel ist Nebukadnezar selbst der Held. Vgl. v. d. Hagen l. c. III, CXVI.

Nicht die Erscheinungen und Begebenheiten an sich gelten, sie sind nur bildlicher Ausdruck eines dahinter verborgenen geistigen Sinnes, allegorische Umkleidung scholastischer Lehre, während für Hans Sachs das Geschehen um seiner selbst willen da ist, die bunte Fülle der Ereignisse steht im Vordergrund und die Moral wird aus ihr abgeleitet.

Ähnlich zwischen geschichtlicher Erinnerung und freischaffender Phantasie schwankt Julians Bild im „Pammachius" des Naogeorg[83]), nur hebt es sich hier vom weiten Weltgeschehen als Hintergrund ab in der groß angelegten Zeitsatire vom überheblichen Papsttum. In maßloser Eigengesetzlichkeit geht Pammachius mit Satan einen Bund ein, um die Weltherrschaft zu erlangen, und kommt kläglich zu Fall, da Luther sich ans Werk begibt. Der Julian des Dramas, unter dem Naogeorg einen „der älteren Kaiser"[84]) verstanden wissen wollte, war Heide, und da er Christen umbrachte, den Götzen opferte, Paulus niederschlug, als dieser dem Satan Land raubte, vom Höllenfürsten wohl gelitten. Doch der Bischof Pammachius bekehrte Julian zum Christentum und der nun in göttlicher Gnade glücklich lebende Kaiser denkt mit Abscheu an die fast unbegreiflichen Zeiten seines Unglaubens zurück, eifrig bemüht, das Land mild und weise im Sinn der neuen Lehre zu regieren. Inzwischen hat Pammachius unzufrieden mit dem geringen Gewinn seines Amtes sich vom rechten Glauben losgesagt, bestrebt, nur noch für die Vergrößerung seiner persönlichen Macht zu leben, und fordert von Julian unter Drohungen neue Steuerrechte und Befugnisse zum eigenen Vorteil, auch das, den Kaiser einzusetzen. Standhaft weist Julian die Forderungen von sich und auf milde und gerechte Ausübung der christlichen Lehre bedacht, lehnt er es vorerst ab, gewalttätig gegen den widersetzlichen Bischof vorzugehen. Doch auf die Nachricht von seiner Verbannung und Absetzung entschließt sich Julian, den Bösewicht zu verfolgen. Eingehende Erwägungen mit dem Kanzler Nestor erweisen aber des Kaisers Lage als so verzweifelt, daß erfolgreicher Widerstand aussichtslos erscheint und Julian sich gegen sein Gefühl von Würde und Ehre zur Verhandlung mit Pammachius entschließen muß. Bittend erscheint er in Rom vor dem nunmehrigen Papst Pammachius, und die Erinnerung an alle jemals von Rom erlittenen Demütigungen des Kaisertums gewinnt Gestalt und Asdruck in der Szene, da der abgesetzte und gebannte Julian, von dem das Volk weicht, um endliches Gehör bittet, nachdem

---

[83]) Hg. Joh. Bolte und Erich Schmidt. Berlin 1891 und Naogeorg-Menius: Pammachius, Deutsche Nationalliteratur Bd. XXII.

[84]) Gottsched: Nötiger Vorrat zur Geschichte der dramatischen Dichtkunst. Leipzig 1757, S. 74.

der erste päpstliche Diener die gewaltige jedem menschlichen Würdegefühl und Gerechtigkeitssinn spottende Hohnrede des alles beherrschenden geistlichen Machthabers gegen die weltliche Obrigkeit verkündet hat.

Um wieder in den Besitz der äußeren kaiserlichen Macht zu gelangen, muß Julian vor dem Papst knien und versprechen, ihn als Oberhaupt der Christenheit anzuerkennen und an seine Unfehlbarkeit zu glauben. Er soll Pammachius Gehorsam geloben, ihm Kirchenstaat und Kirchengut zusprechen, in allen Dingen ihm als Richter folgen, und er schließt den Vertrag im festen Glauben, daß bald ein Höherer den päpstlichen Übermut strafen wird.

Hauptperson in dieser von lutherischem Kampfgeist nicht weniger als weitschauender klug-überlegener Menschlichkeit erfüllten Satire ist der Papst Pammachius. Von ihm aus ist sein in der realen Welt unterliegender weltlicher Gegenspieler Julian zu betrachten. Die Bekehrung des heidnischen Kaisers war die Tat des noch frommen Bischofs gewesen, und auch der Abfall vom Glauben durch das Beugen vor dem im Teufelsbund stehenden Papst ist dessen Werk, doch geschieht die Unterwerfung Julians nicht aus Schwäche, sondern gegen den kriegerischen Tatgeist des Kaisers und sein persönliches Ehrgefühl, allein in der weisen Überlegung, daß nur durch diese Preisgabe ihm, dem wahren Herrscher, das Amt verbleibt, welches er in naher Aussicht des rettenden Befreiers (Luther) nicht verlassen und einem Unwürdigen überantworten darf.

Es ist möglich, daß Naogeorg in dem durch Anerkennung des Teufelpapstes abtrünnig gewordenen Kaiser Julians Verhalten zum Christentum wieder fand und den Gegenspieler des Pammachius in Erinnerung an den Apostatenkaiser so nannte; es ist denkbar, daß in der völligen Unterwerfung des Kaisers unter die Gewalt des Papstes Julians einstige Auflehnung gegen die Kirche verspottet werden sollte. Doch wahrscheinlich bleibt, daß ohne Anspielung auf bestimmte Einzelheiten Julians Name das sprechendste Symbol für die feindliche Spannung zwischen Staats- und Kirchenoberhaupt, zwischen christlicher Demut und heidnischer Hoffart war, gleichgültig, wie die Parteien sich in diese Rollen teilten. Das Schicksal seines Trägers war nicht fest umrissen, einmalig begrenzt, sondern ausdeutbar, und ohne Zwang für die schöpferische Phantasie zu verwandeln; aber es berührte sicher fühlbar die Atmosphäre kaiserlich-päpstlicher Wirren[85]).

[85]) So heißt auch in Böhmichens freier Übertragung des Pammachius, die er als „Theomachus" für sein eigenes Werk ausgab, der Kaiser „Julian", während die Eigennamen der übrigen Personen geändert sind, wohl

So bringt auch das 16. Jahrhundert keine eigentliche Einzeldarstellung Julians[86]). Weder Hans Sachs' kräftiger Holzschnitt vom Kaiser im Bad, noch Naogeorgs breitangelegtes Gemälde erfassen und verdichten seine Gestalt. In beiden Dichtungen wird Julian, gleich ob mit Sympathie oder Haß gesehen, symbolisch als Träger einer bestimmten Haltung eingeführt.

IV. DAS JESUITENDRAMA.

Was weder in kirchlich befangener noch ritterlich- oder humanistisch-weltlicher Zeit möglich gewesen war, Julians Gestalt neu zu sehen und zu formen, wurde Wirklichkeit dort, wo kirchliche Tradition und Kenntnis befreit von klösterlich dumpfer Enge und im Besitz von weltlicher Macht sich dichterischen Ausdruck schufen: im Drama der Jesuiten. Die Vereinigung dieser drei Kräfte: Kirchliche Bildung, weltweite Herrschaft und Gestaltungsvermögen bewirkte, daß Julians Gestalt Mittelpunkt und Träger einer dramatischen Handlung werden konnte. Die rein klerikale Bildung hatte Julian, den Kirchenfeind nur geschmäht, das weltliche Mittelalter sich um den Abtrünnigen nicht gekümmert, der Humanismus, beirrt von der zwiespältigen Überlieferung, sein Bild verwischt. Dort wo Bildung und Macht zusammentrafen: im Papsttum, hatte Julians Name eigenen und starken Klang gefunden, doch ohne künstlerische Gestaltung war dieser Ton zerflattert. Hrotsvithas Märtyrerstück erscheint zwar als Vorwegnahme und Vorbereitung der dramatischen Verlebendigung Julians, doch lag bei

---

schon, um das Feststellen des Originals zu erschweren (M. Georg Böhmichen: Tragedia Theomachus. Eisleben 1565).

[86]) Undeutbar und unwichtig erscheint das kurze Auftreten eines von Trajan begleiteten kriegerischen Kaisers Julian in der Tragoedia des Alexander Seitz „Vom großen Abendmahl und den zehn Jungfrauen", Straßburg 1560.

Nicht erreichbar war ein Exemplar des „Misobarbus" von Gnapheus, aus dem festzustellen wäre, ob es sich hier um Julian, den Misopogen handelt.

Wie anders im Italien der Renaissance Würdigung des Imperators mit kirchlicher Tradition, selbst Aberglauben, vereinbar ist, mögen die Verse Lorenzo Medicis aus dem Märtyrerstück „San Giovanni e Paolo" zeigen:

„E c'è Giulian di Constantin nepote,
chè, benché mago e monaco sià stato
è di gran cuore e d'ingegno assai puote,
ed è del sangue dello imperio nato:
bench' egli stia in parte assai remote,
verra, sentendo il regno gli sia dato."

(Lorenzo Medici: La Rappresentazione di San Giovanni e Paolo. ed. Attilio Simioni, Bari 1914.)

ihr das Hauptgewicht auf dem Martyrium der Christen, und Julian, der Bewirker ihrer Leiden, trat in den Hintergrund.

Die Jesuiten als geistige Gemeinschaft mit der ihnen selbstverständlichen Bildung, ihrem politischen Sinn für großes Geschehen und ihrer Aufgabe, ad maiorem dei gloriam die Kirchenmacht zu stärken, fanden in Julian, der schnell und rätselhaft beendeten wirkungslosen Laufbahn des Christenverächters auf dem Kaiserthron, geradezu ein Schulbeispiel für bestraften Unglauben. Die Geschichte lieferte hier einen dem Wirkungsbereich des Ordens besonders nahen Stoff, der Gelegenheit bot, den Sieg der Kirche über einen Mächtigen der Erde darzustellen mit staatlichen Handlungen und weltlichem Prunk als Hintergrund und zahlreichen Märtyrersiegen als Folie. Julian, der Vertreter universaler Machtintentionen, der angeblich erst fromme, dann abtrünnige Christ erweckte ihr Interesse, Willen und Tat des Herrschers erfüllten sie mit neuem gestaltigem Leben.

Der Jesuiten Kenntnis von Julian beruhte auf den „Annales Ecclesiastici" des Caesar Baronius[87]). Sie enthalten ungefähr alles über Julian bestehende Material in wörtlichen Auszügen: die Kirchenschriftsteller ebenso wie die Profanliteratur. Ohne künstlerische Darstellung, eigene Meinung oder gar Polemik breitet Baronius die vorhandenen Nachrichten über Julian aus. Der weltmännische Kardinal der italienischen Hochrenaissance gibt voll umfassendem Wissen und mit Blick für das Wesentliche eine wohl angelegte Sammlung der historischen und legendären Ereignisse und Vorstellungen in und von Julians Leben. Den reichen hier ausgestreuten Samen brachten die Jesuiten dann zum Aufgehen und zur Blüte[88]).

Von den acht Dramen, in denen Julian auftritt, führen fünf seinen Namen im Titel[89]), in zwei weiteren[90]) sind Märtyrer und Heilige die

---

[87]) Coloniae Agrippinae 1624. Benutzte Ausgabe: Augustae Vindelicorum 1738. Bd. IV.

[88]) Die betreffenden Dramen sind nicht gedruckt. Leider konnten die Handschriften nicht ermittelt werden, so daß allein die gedruckten deutsch-lateinischen Periochien als Unterlage dienen mußten.

[89]) Summa der Tragoedien von Kayser Juliano dem Abtrünnigen. Ingolstadt 1608.

Julianus Apostata Tragoedia. Landshut 1659.

Maria Virgo Blasphemiarum Ultrix sive Julianus Apostata, ob blasphemias divinitus interemptus. Wien 1635.

Litera occidit seu Julianus ex infelici Doctore infelicissimus Apostata, Magus et Tyrannus a Divina Nemesi Marcello traditus. Augspurg 1694.

Julianus Pseudopoliticus. Dillingen 1699.

[90]) S. Gallicanus Martyr Alexandrinus. Straubing 1656.

S. S. Johannis et Pauli Gloriosus Purpurae Contemptus. Innsbruck 1675.

Hauptpersonen und Julians christenfeindliches Kaisertum bildet den Rahmen oder wird wie im Hl. Michael[91]) als Allegorie verwendet.

Ob diese Werke nur Schau- und Prunkstück, Ballet mit eingeschobenen Pantomimen waren oder auch von dichterischem Wert, läßt sich nach den Szenarien allein nicht entscheiden. Auch die Beurteilung, wie Julians Gestalt gesehen wurde, ist nach der bloßen Stoffangabe schwierig.

Von den fünf Dramen, in denen Julian Hauptheld ist, fällt eines in die Blüte des Ordens, zwei gehören der Übergangszeit an, zwei der verflachteren Epoche. In den drei frühen Schauspielen spürt man die Finderfreude am geeigneten dramatischen Gegenstand und die abnehmende Begeisterung in den späteren, die die stoffliche Tradition übernahmen und die geistige unbenutzt ließen. Dazu kam die Einwirkung von außen durch die Ereignisse des dreißigjährigen Krieges. Wenn auch das Territorium des weit verzweigten Ordens weniger vom Krieg verwüstet sein mochte, so ging doch die allgemeine Verrohung, die Lust an grausamen Taten und Leiden und andererseits die Abstumpfung dagegen auch hier nicht spurlos vorüber, außerdem wurde ja für das Laienpublikum gespielt. Da die persönliche Verfasserschaft zurücktrat und das Werk Ausdruck einer Gemeinschaft war — die wenigen bekannten Autorennamen verschwinden angesichts der großen Anzahl aufgeführter Schauspiele —, spiegelt sich der Eindruck des Krieges allgemeiner und einfacher, weil weniger gebrochen durch persönliche Einzelauffassungen.

Das früheste Jesuitendrama, das Julian im Titel führt, die von Hieremias Drexel herrührende „Summa der Tragoedien von Keyser Juliano" behandelt zum erstenmal sinnvoll und motiviert Julians Jugend. Während des ganzen ersten Aktes wird Julian als Muster eines Klerikers gezeigt, einesteils aus rein didaktischem Grund, dann aber auch um durch die Unbeirrbarkeit seines Christenglaubens und seine bewußte Zugehörigkeit zur Kirche den späteren Abfall um so ungeheuerlicher erscheinen zu lassen.

Um den gelehrten weisheitsuchenden Julian streiten sich Kaiser und Klerus, deren jeder ihn wegen seiner Tüchtigkeit für sich gewinnen möchte. Vor die Wahl zwischen Kaiserkrone und Mönchtum gestellt entscheidet sich Julian für den geistlichen Stand, denn weltliche Macht gilt weniger als geistliche *„Cron hin, Cron her, Gottes Cron sey grösser, ihme dienen haisse herrschen"*.

---

[91]) Triumpf- und Freudenfest zu Ehren dem Heiligen Erzengel Michael als Schutzfürsten und Patron der neugeweychten Herrlichen Kirchen. München 1597.

Bezeichnend für den Wirklichkeitssinn und dramatischen Instinkt des Verfassers ist, daß er fähig war, den in Wahrheit mehr christlichen als heidnischen Geist Julians zu erkennen, so daß er des historischen Kaisers Maßnahmen gegen Prunk, Verschwendung und üppiges Leben des byzantinischen Hofs im Schauspiel umdeutet zu Aufgaben des eifrigen Klerikers: *„Julianus auf das Geistlich bedacht jagt das Hofgesind alles aus dem Haus“*, treu dem Keuschheitgelübde weigert er sich, drei ihm als Geschenk übersandte persische Jungfrauen auch nur anzusehen und *„weil es gut sey mit den Geistlichen sterben, wölle er sich nicht wegern mit den Geistlichen leben“*, und so bleibt er den Verlockungen weltlicher Macht gegenüber fest, als Constantius ihn noch einmal zum Nachfolger auf dem Thron gewinnen will.

Der allen irdischen Verlockungen standhaft sich widersetzende Mönch wird das Opfer der Teufel, die ihn durch die Philosophen Jamblichus, Maximus, Priscus, Libanius und Hekebolius zur Apostasie bringen. Er entsagt dem geistlichen Stand und nun besteht kein Grund mehr, des Constantius Ruf in das bedrängte Gallien und die Krönung zum Mitregenten abzulehnen. Immer mehr strebt Julian dem Verderben zu: im Bund mit Zauberern huldigt er den Götzen und als er Kaiser wird *„waschet er den tauff von der Stirnen mit Opferblut ab und gibt befelch auff morgen der Höllkönigin Hecate zu opfern“*. Er läßt die glaubenstreuen Christen martern und verfolgt die „Trabanten“ die sich seinen grausamen Befehlen widersetzen. Eine Schreckenstat folgt der anderen, bis schließlich Zeichen und Wunder auf den baldigen Untergang des Tyrannen hindeuten und seine Seele als Beute der Teufel zur Hölle fährt. Ein Schlußchor beweint den toten Körper des Kaisers und die weltliche Eitelkeit, als deren Opfer er zugrunde ging.

„Julianus war geleert und kunstreich; so sihe aber, o Mensch, was die Kunst ohne die Tugend für ein Endtschafft neme“.

Die Tragödie hält sich fast ganz an die historischen Berichte. Aus der Fülle der Überlieferung schöpfend verfügt sie über große Reichhaltigkeit des Stoffs, der aber nicht überladen oder verwirrend, sondern lebendig und klar verwertet ist. Während die Chronisten bei ihrem Zusammenschreiben der verschiedensten Quellen oft in Widerspruch geraten und kindlich bis zur Unsinnigkeit die entgegengesetztesten Dinge aneinanderreihen, sind hier in der Tragödie mit dramatischem Instinkt die Tatsachen verknüpft, die Handlungen motiviert und einem ordnenden Prinzip von lebendigster Geistigkeit unterworfen. So erscheint vor allem die Exposition, Julians fromme Beharrlichkeit als fruchtbarer Boden für das weitere Geschehen, das den Kampf zwischen menschlichem Streben und teuflischer Macht darstellt. Die historische geistige Spannung zwischen Hellenentum und Christentum kommt dabei ebensowenig zum Ausdruck wie bisher in der Literatur. Der Götterglaube der antiken Welt, der religiöse Kult der Hellenen als Kraft war auch diesem Jahrhundert völlig fremd. Glaubenskonflikte waren noch immer die Wahl zwischen Gott und Teufel, zwischen ewigem himmlischen Leben und dauernder Höllenpein. Alles Nichtchristliche verkörperte sich im Teufels- und Höllenspuk, den ein geängstetes Mittelalter erschaffen, den die Kirche als erziehliche Macht auch weiter benutzt und befestigt hatte und dem die „Heidengötter" als Werkzeug der Verführung untergeordnet waren.

„*Die Teufel entschließen sich, Julianum auf die Heidnisch Abgötterei als einen Brunnen aller Bosheit zu bringen.*"

Trotz der gehäuften Schilderungen von Julians Grausamkeit und Tyrannei klingt die Tragödie nicht in kleinlicher Rach- und Schmähsucht aus. Voll Verstehen für Größe und Schicksal eines Menschen und in mahnender Erinnerung an die allen Menschen stets drohende gleiche Gefahr der Hybris endet das Spiel.

Weniger festes dramatisches Gefüge als gewaltiges Schau- und Prunkstück muß „Julianus Apostata Tragödia" gewesen sein. Sie beginnt nach Julians Abfall vom Christentum mit seiner Krönung zum Caesar, führt abwechselnd Hofintrigen und Christenmartyrien vor und endet mit Julians Tod in Persien und der Kunde der ewigen Höllenpein seiner Seele. Nicht nur die fromme Gesinnung eines mittelalterlichen Märtyrerstücks beherrscht auch dieses Drama, sondern Freude an bunter Schau, Prunk, Spuk und Zauberei und daneben politischem Geschehen. Während der Krönungsfeier Julians „*Kommt der Geist des Juliani Bruders und verderbt den gantzen Handel*", in „*verstellten Kleidern*" befragt Julian den Maximus um die Zukunft, der ihm „*seinen Tod durch einen Dantz der siben Planeten vorbildet*". „*Ein Ballet, in welchem Iason des Dracken Zehen aussähet*", unterbricht die Handlung und der „*Chorus führt das Glaubens Schiff in das Meer, von welchem es hin und wider nit ohne Gefahr geführt wirdt,*" „*Porphirius ein Gangler muss der Christen Ceremonien lächerlich fürstellen*". Bei den Vorbereitungen zur Perserschlacht wird Julian „*von underschidlichen Geistern derjenigen, welche er tödten lassen, erschröckt*" und im folgenden Krieg „*von der göttlichen Rach erwischet*". Zwischenhinein spielt eine Handlung von Sallust, dem Nebenbuhler Julians. Überhaupt ist die Geschichte des Apostaten in diesem Szenar wesentlich ausgeschmückt, auf eine breitere Basis gestellt. Die moralische Tendenz tritt zurück vor dem Streben nach Prachtentfaltung, dem Vergnügen am bunten Bild und Tanz, am Schauspiel um seiner selbst willen. Das Schuldrama ist zu einer Art Pantomime oder Ballett geworden, es herrscht in ihm die Atmosphäre prunkvoll-lichter Barockkirchen, die dem Ballsaal eines Schlosses ähneln. Der erweiterte Horizont des Geschehens in dieser Periochia gibt den Eindruck einer gewaltigen Staatsaktion. Auch die Verfolgungen der Christen werden nicht sentimental als Leiden wehrloser Opfer, sondern aktiv vorgeführt. „*Valentinian rächt sich an der Götzenpfaffen, Johannes und Paulus stürmen den Altar, werfen das Bild Iovis zu Boden*". Julian selbst ist der überhebliche, dann zu Fall gebrachte Herrscher und nicht dogmatisch verhaßter Bösewicht.

„Maria Virgo Blasphemiarum Ultrix, sive Julianus Apostata" hat zum Kern der Handlung Julians Ende durch Merkurs Hand, der den Christenfeind auf Befehl der Jungfrau Maria tötet. Doch ist das Drama aufgebaut auf dem episodenreichen Leben des Gotteslästerers und ausgeschmückt mit Spuk, Geistererscheinung und „fröhlichem Schwerdttanz". Eine christenfeindliche Tat folgt der anderen. Julians Kaisertum bleibt im einzelnen unberücksichtigt, es tritt nur in Kraft als Amt, das seinem Verwalter die gefährliche Macht über das Leben seiner Feinde und die Möglichkeit gibt, sein Ketzertum im großen auszuwirken.

War im Vergleich zu der frühen „Summa der Tragoedien" in diesen beiden späteren Dramen das Überwiegen des Stofflichen vor dem Geistigen merkbar geworden, der bloßen Schau vor der moralischen Tendenz, barocker Überladung vor strenger Gliederung, so tritt Entgeistung, Veräußerlichung und Verrohung deutlich zutage in den späten Jesuitendramen „Litera occidit seu Julianus" und „Julianus Pseudopoliticus". Schon der Titel von „Litera occidit" verrät diese andere Gesinnung: „*Julianus von schädlicher Wissenschaft aufgeblasen, wird als ein gottvergessener, Abtrünniger, Teuflischer Zauberer, Blut-durstiger Tyrann, von der göttlichen Gerechtigkeit auf die Fleischbank geliefert*". Was an absurden Geschichten über Julian im Umlauf war, ist hier aufgehäuft und vergröbert, bisweilen aus eigener Phantasie noch ergänzt. Zauberer, Teufel und Philosophen bewerkstelligen den Abfall des „aufgeblasenen", hoffärtigen Kaisers, dessen Grausamkeit bombastisch geschildert ist, wie er schon als Christ „*mit Feur und Schwert die Abgötterer in dem gantzen Reich ausszutilgen beschließt*". Er verpfändet sich der Höllkonigin Hecate, läßt sich mit „Saublut" neu taufen. „*Julianus, auss Anweisung der wüttenden Tobsucht suchet die Christen wie das Wild auf, und erwürget sie.*" Um sich den Sieg über die Perser zu sichern, „*lasset alle gefangenen*

Christen dem gott Jupiter schlachten". Die große Anzahl der eingeführten Personen macht die Handlung unmotiviert und unübersichtlich.

Den Angaben des Szenars zufolge war die „Comoedia Julianus Pseudopoliticus" ebensosehr Staatsaktion wie Märtyrerdrama. Julians Gestalt verblaßt vor dem übrigen Geschehen in dem ungeschickt abgefaßten Szenar; doch läßt sich soviel erkennen, daß hier mehr der wütende Tyrann und Christenverfolger als der große Kaiser erfaßt ist.

Geiz und Geldsucht sind die Haupteigenschaften Julians in „S. Gallicanus Martyr Alexandrinus". Die Fabel des Stücks, die der Legende, ist mit Allegorien ausgeschmückt und reich an Zauberei und Geisterspuk.

„S. S. Johannis et Pauli Gloriosus Purpurae Contemptus" ist eine Vereinigung von Märtyrerdrama und Staatshandlung, von historisch reich ausgestatteter Darstellung vom Leben Julians und Schauspiel mit Geistererscheinungen und Tanz. Das Drama könnte ebensogut „Julian" betitelt sein, denn Leiden und Tod der Märtyrer werden als Episoden aus dem Leben Julians geschildert, Julian ist nicht nur, wie bei Hrotsvitha, historischer Hintergrund[92]).

Als gegenwärtige und lebendige Vorstellung vom Christenfeind lebt Julian im *„Triumpf und Freudenfest zu Ehren dem heiligen Erzengel Michael"*, der großen Allegorie vom Kampf des heiligen Michael mit dem Drachen als dem Sieg der Kirche über alle drohenden Gefahren. Nicht sein besonderes Schicksal wird vorgeführt: zusammen mit anderen Kirchenfeinden und tyrannischen Herrschern verkörpert Julian das Antichristentum. In prunkvollem Aufzug *„mit sonderem Pomp und Pracht"* erscheinen die Schreckensfürsten, ihre Furchtbarkeit durch ein großes Blutopfer versinnbildend. Doch Michael vertreibt sie durch einen Blitz und nach dem vollendeten Sieg der Kirche werden die zu ewiger Pein verdammten Fürsten Nero, Decius, Diocletianus, Maxentius, Julianus, Attila *„aus befelch St. Michaelis aus der Höll herfürgebracht"* und beklagen ihre Torheit[93]). In diesem allegorischen Schauspiel wird Julians Gestalt zum ersten und einzigen Male zur vollen

[92]) Im Leben des hl. Athanasius (S. Athanasius Exul, Konstanz 1637) tritt Julian nicht auf; nur das Titelblatt versetzt das „4. Ellend" des Heiligen in die Zeit „under Juliano dem Apostabten". In „Maria Stuarda" (Lebhaftes Contrafeth christ-katholischer Stärke, das ist Maria Stuarda aus Engelland, Zug. 1728) wird „Julianus Imperator" im Syllabus Actorum genannt ohne nähere Angabe.

[93]) Bisweilen erinnert die Situation an den großen Tegernseer „Ludus de Antichristo" des Mittelalters, in dem jedoch Julian nicht unter den „haeretici" erscheint.

furchtbaren Größe eines Werkzeugs der widerchristlichen Mächte erhoben.

V. DAS 17. JAHRHUNDERT.

Außerhalb des Ordens hatte das Jesuitendrama keine Wirkung. Das religiöse Leben des Jahrhunderts bestimmte in Deutschland im wesentlichen die Reformation, die jenseits politischer Handlungen ihren geistigen Niederschlag in der Dichtung mehr Gott suchend als für ihn eifernd fand, mehr auf innere Einkehr und Ringen mit der eigenen Seele bedacht, als nach außen gerichtet und auf werbende oder abschreckende Beispiele aus der Geschichte ausgehend. Daher wird Julian selten genannt und die spärlichen Erwähnungen sind noch im Geist der Lutherzeit, moralisch-didaktische Zitate protestantischer Pfarrer oder bunte Beschwörung eines katholischen Eiferers auf der Kanzel: Abraham a Santa Clara.

Der Jesuitenpater Drexel erwähnt den Helden seines Dramas noch an anderer Stelle. Der Spötter und Gotteslästerer Julian ist dem Verfasser der „Summa der Tragödien“ ein brauchbares Beispiel für seinen „Zungenschlaiffer“[94]), einen jener „Lasterteufel“, die im 16. und 17 Jahrhundert eine literarische Gattung bildeten. Wie wichtig Julian ihm war, geht daraus hervor, daß im Kapitel „Von der Gotteslästerlichen Zung“ er als einziger unter vielen in der Inhaltsangabe namentlich angeführt wird. Ein Hauptkennzeichen der Ketzerei sei die Lästerung. Als solche gelten auch Julians letzte Worte: *„Galiläer, du hast gesiegt“* und daß er Blut aus seiner Wunde in die Luft schleudernd *„Sehin Nazarener, trink und ersättige dich damit“* gerufen habe. Den Christen antwortet er auf ihre Klagen über schlechte Behandlung mit Worten in ihrer eigenen Lehre: *„Wenn man einen an Backen schlägt, soll er auch den anderen Backen darreichen“* und *„Wann Dir einer den Mantel nimmt, so gib ihm den Rock auch darzu“*. Diese längst verbreiteten, hier ohne Rach- und Schmähsucht zitierten Angaben der Kirchenhistorie widersprechen nicht dem Geist des Dramatikers Drexel, ebensowenig die an sein Publikum gerichtete Zusammenfassung der Moral am Schluß:

„Hütet Euch nun, ihr Juliansgesellen, ihr Lucianusbrüder, Ihr liederliche Spottvögel: Hütet Euch, Ihr Ausrichter, Ihr Fledermäus, die ihr selber nichts nutz seid und nur auf anderer Leut Tun und

[94]) Zungenschleiffer oder Brinnende Weltkugel von bösen Zungen angezündet, solche zu löschen gibt ausführlichen Unterricht von allen Zungenlastern. Deutsch von Joachim Meichel. München 1631.

Lassen laustert: Der Richter sitzt schon am Gericht, jetzt warnet man euch".

Offenkundigen Haß gegen den ketzerischen Tyrannen bezeugt Abraham a Santa Clara[95]). In quotlibetischem Namensspiel führt er Julian an, so oft sich nur Gelegenheit bietet und mit steter Frische und Freude am formlos gehäuften, bunten, barocken Zierat bringt er die typische Reihe großer Tyrannen mit immer neuen Vorstellungen zusammen: Der ganze Erdboden würde wie zu Noahs Zeit überschwemmt sein, wollte man das Blut sammeln, das die Tyrannenkaiser — unter ihnen Julian — vergossen haben, oder in bombastischem Redeschwall:

„*In der Höll ist Zausen und Grausen und Pfnausen; aber alles dies ist noch nicht die größte Pein. Der unmenschlichen tigerartigen, blutgierigen, hartmütigen Tyrannen Diocletiani, Juliani, Maximiani, Vespasiani, Gratiani, Torturen, Qualen, Folterung, Schwerter, Galgen, Räder, Geißel und alle erdenkliche Pein, mit welchen sie die Christen gemartert, seind Kinderspiel, Schatten, Abschnitzel, Affenpossen gegen die geringste Pein in der Hölle*[96])".

Der Teufel gab den Tyrannen ein, Christen zu verfolgen, ohne den Teufel hätte die christliche Kirche nicht soviel Märtyrer. Dem heiligen Julian wird der Tyrann Julian gegenübergestellt. Nicht trocken wie meist früher in Mittelalter und Renaissance, allein um den Wissensstoff anzubringen, sondern bildlich, farbig, am rechten Fleck sind Abraham a Santa Claras Häufungen, zusammengehalten durch ein Wort bindender Gemeinsamkeit, wenn auch bisweilen der Klang des Gesagten über den Inhalt hinwegtönt und die Bilder abschwächt.

„*Vespasianus, Domitianus, Traianus, Adrianus, Gordianus, Valentinianus, Aurelianus, Florianus, Numerianus, Diocletianus, Maximianus, Julianus, Jovinianus, Martianus und römische Kaiser haben zwar in einer Hand den Degen getragen, aber weil ihnen die andere Hand abgangen mit dem Rosenkranz, also hat ihre Kron müssen fallen, ihr Glück müssen wurmstichig werden, und ihre Majestät müssen spöttlich zu Boden sinken, hinken und stinken*[97])".

Noch an zahlreichen anderen Stellen wird Julian bei Abraham a Santa Clara erwähnt, so auch im „Buch der Geburt des zukünftigen Antichristi", in dem „*die Anthropomorphiten den Julianum gebaren, Julianus aber Nestorum*". Daß Nero in den langen Aufzählungen böser Kaiser von Abraham a Santa Clara niemals genannt wird, hat wohl den

---

[95]) Sämtliche Werke. Passau 1835.
[96]) l. c. II, 247.
[97]) l. c. IV, 203.

rein äußerlichen Grund, daß der Name sich nicht in den Satzrhythmus fügte und das klangliche Moment bei dem Kanzelredner und Rhetoriker entscheidend war.

Der Geist Luthers und der Bibel findet sich im „Regentenspiegel" des schwäbischen Pfarrers Thomas Birck[98]). In einzelnen Kapiteln wird je ein Postulat oder eine Warnung für den Herrscher angegeben, durch Beispiele illustriert und auf Grund der Kenntnis Gregors von Nazianz und der „Historia Tripartita" Julian angeführt. Ziemlich trocken und lehrhaft wird an Daten aus Julians Leben gezeigt, wie den bösen Herrscher bald schwere Strafe ereilt.

Ebenso farblos und an wenig prägnanter Stelle zitiert der „Lästerteufel" des Johann Ludwig Hartmann[99]) Julian. Diese in die gleiche Kategorie wie die Drexels gehörige Schrift führt Ammian als Zeugen für Julians Gerechtigkeit an, doch mehr zufällig, ohne persönliche Note und möglicherweise auf Birck zurückgehend, der außer den Beispielen vom Tyrannen Julian auch dieses brachte.

Blasse Reminiszenz bleibt Julian auch bei Aegidius Albertinus. In „Luzifers Königreich und Seelengejaid[100])" bemüht sich der Teufel, daß er *„zornmütige und tyrannische Fürsten wider die Christen aufbringe"*, darunter Julian.

Tiefer begründet durch Kenntnis, eigenes Nachdenken und ernster gemeint ist Meyfarths[101]) Entrüstung über den Tyrannen Julian:

„O Du unbegreifliches Elend, an dem großen Tage und noch größeren Gericht ist es weit anders geschaffen. Dort starrt der Nimrod, der Bel, der Ninus, der Sardanapalus, der Antiochus, der Diocletianus, der Herodes, der Julianus, der Maximianus: in dem Munde ist kein Lachen, auf der Zunge kein Rühmen, ja das Zähneklappern ist in dem Munde, auf der Zungen das Klagen: Sie sind betöret in den Sinnen und bestürzet in den Gedanken über der unverhofften Veränderung".

Weniger die Freude an der Häufung schrecklicher Namen oder temperamentvolle Redebegeisterung eines Abraham a Santa Clara, sondern allein innerliches Erleben, erzieherischer Wille und Wunsch nach besseren Zuständen bestimmen Meyfarths Sittenpredigt. Nicht zufällig finden sich bei ihm Zitate aus Dante. An den prägnantesten Stellen

---

[98]) Regentenspiegel darin alle fromme Regenten, ihre Räht und Beampte bei vielen denkwürdigen Exempeln der Alten augenscheinlich zu sehen. Frankfurt 1607.

[99]) Rotenburg 1679.

[100]) Kürschners Deutsche Nationalliteratur, Bd. 26.

[101]) Das Jüngste Gericht. Nürnberg 1632.

seiner Schriften wird Julian aber nicht erwähnt, weder im „Jüngsten Gericht" als die Posaune ertönt und die Gräber sich öffnen — der Vertreter der tyrannischen Kaiser ist Nero — noch im „Hellischen Sodoma[102])" bei der Beschreibung der Tyrannen in der Hölle. Eine Anspielung auf Julian erforderte wohl zu sehr rationale Erinnerung an Bildungsstoffe, sein Name lag nicht auf der Zunge oder war unauslöschlich in den Annalen der Höllengeschichte vermerkt wie der Neros. Das zeigt die lehrhafte Widergabe übernommenen Wissensgutes im „Jüngsten Gericht": „*Julianus der Mammeluck ließ die Schulen sperren, die Kirchthürm niederreißen, die Kirchen aus dem Grundt abbrechen und die Göttliche und Heilige Schrift mitten auf dem Markt verbrennen*", oder die Anspielung auf Rufins Bericht von Julians Vertreibung des Athanasius und dessen Prophezeiung „*Es ist ein kleines Wölklein, das geschwinde vorübergehet*". Hellem Bewußtsein, keiner dunklen mythischen Vorstellung entspringt auch die Beziehung des Julianischen Namens auf ein Zeitereignis:

„*Ein ander Exempel haben unsere Eltern gehabt von dem unmenschlichen Tyrannen, welcher mit seiner Wüterei die Mordtaten des Neronis, J u l i a n i und anderer weit übertroffen: für dessen Namen auch die Kinder in dem Niederlande sich entsetzt und ab dem Weinen gelassen haben*[103])".

Bedeutsamer ist das satirische Bild romanischen Ursprungs[104]), das M o s c h e r o s c h im „Philander von Sittewald"[105]) von Julian gibt. Im 7. Gesicht, der „Hofschule", beklagt sich Dionys im Namen vieler anderer Tyrannen bei Solon über die Gesetzgebung der Philosophen, die ohne Erfahrung in „Regimentssachen" ihre Bücher schreiben und dadurch die Herrscher fälschlich in schlechten Ruf bringen. Diese Meinung verteidigt J u l i a n u s A p o s t a t a in einer großen Rede: Die Philosophen würden von der Welt wegen ihres sonderbaren Auftretens in Kleidung und Gebärden nur für Narren gehalten, im Verkehr mit den Regenten verhielten sie sich „*ob sie ihr Tag keinen Mänschen sonsten gesehen hätten und nicht wissen was sie reden oder tun sollen*". Sie seien arm aber hochmütig, weltfremd und schrieben doch von „Königreichen, von Bestellung der Regimenten"; unpraktisch und unerfahren wollten sie trotzdem den Fürsten Gesetze geben. Diese Philosophen mißgönnen den Herrschern jedes Vergnügen, nennen sie „Bluthund und Tyrann" und sind doch unfähig, im Notfall selber tätig

[102]) Coburg 1630.
[103]) Gemeint ist wohl Alba oder Philipp II.
[104]) La Geneste: Les Sept Visions de Quevedo. Paris 1633.
[105]) Straßburg 1660.

zuzugreifen: *„gehen daher mit einem verstrubelten Bart, daß wer eine solche Gestalt anschauet, nicht weiß ob er einen Kautzen oder einen Busch sehe, so tieff haben sie die Augen in dem haarichten Kopf verstecket"*. Julian schilt den Solon einen Federspitzer, der von Regieren nichts verstehe, und enthüllt seine politischen Grundsätze: Ein Fürst müsse über seine Untertanen Gewalt haben. Zehn Böse seien besser als ein Frommer, denn die Bösen dienten den Fürsten lieber, weshalb man sie durch Ehren und Ämter im Gehorsam bestärken solle, während die Guten doch nur ihr Gewissen vorschützten, wenn es gälte, sich für die Macht eines Herrschers einzusetzen. Deshalb vertrügen sich die großen Herren auch nicht mit den Geistlichen, die auf Befolgung der zehn Gebote beständen und jeden Spaß als Sünde auslegten: *„Warum wird uns Gott zu Fürsten gemacht haben, wan wir es nicht besser als die Bauren haben sollten. Es ist viel ein anders wan ein Bauer sündiget als wan ein Fürst sündiget"*. Deshalb wolle er, Julian, alle Pfarrherren abschaffen oder verhungern lassen, ebenso alle Amtleute und Diener der Gerechtigkeit, denn *„was ein Fürst will, das ist an sich selbsten recht"*. Etwas dogmatischer formuliert führt dann Photinus die Reden des Kaisers weiter aus.

Im Verlauf dieser großen Rede erscheint Julian in doppelter Rolle: als Verspotteter und als Spötter. Sein Schelten der ungepflegten weltfernen Philosophen, die aus der Theorie praktische Lehren zu geben wagen, bedeutete nichts anderes als eine Karikatur des Kaisers mit dem Philosophenbart und „Misopogon"-Verfassers. In der Verteidigung der Fürsten dagegen, denen jedes Mittel zur Macht erlaubt sei, die mehr die Herrscherrechte als die Herrscherpflichten kennten, wird durch Julian Machiavellis Lehre vom „Principe" verspottet und zugleich die Uneinigkeit zwischen Fürsten und Pfarrern erklärt, die mittels der Zehn Gebote die Freiheit der Herrscher zu beschränken suchten. Julian der Herrscher und Philosoph war der geeignete Vertreter, wo es sich um eine Auseinandersetzung mit der Theorie und dem Geist des Regierens handelte, mehr als ein weiser Herrscher — Mark Aurel — es sein konnte, dessen Gestalt keine Verspottung duldete, oder ein eindeutiger Tyrann — Nero — der die Feinheit der Satire gehindert hätte. Außerdem war Julian ein ausgezeichnetes Beispiel für die Konflikte zwischen Fürst und Geistlichkeit.

Die ungewohnt klare Kenntnis Julians, der freie Abstand zu seiner viel umstrittenen Persönlichkeit, der erst die Karikatur ermöglichte, gehen nicht auf Moscheroschs ursprüngliches Wissen von Julian zurück. Diese ganze Szene entnahm er fast wörtlich der 7. Vision (Sédition infernale) Genestes und wandelte sie nur etwas im eigenen Geist und zum besseren Verständnis seiner Leser um. Während für den Franzosen die Anspielung auf den Machiavellismus sofort verständlich war[106]), weist Moscherosch noch besonders darauf hin: „Als Photinus diese Machiavellische Wort geredet . . ." Bei Geneste ist die Schilderung einheitlicher und die Rede knapper, bei Moscherosch ausführlicher, gröber und bildlicher. „Ces pédants-ci de basse extraction" wird zu *„dise Schulfüchse, so einen Hund kaum auss dem Ofen zu locken haben"*. Er schiebt Bilder ein, so das von den Philosophen, *„welche sich stellen wie eine Kuhe, die ein neu Thor anblarret oder wie eine Ganss, die in ein Logel siehet"*. Die Philosophen vollen Gesetze aufstellen, *„da sie doch ihr lebenlang nicht wol einen Meyerhof verwaltet, noch eines Schuldheissen Verstand auf dem Dorff hätten gleichen mögen"*. Die „parole mal agréable" der Philosophen wird zu einem *„gethön . . . als ob sie auss einem holen Hafen brummeten"*. Bei Geneste ist die Polemik gegen Machiavelli sachlicher, bei Moscherosch mehr ins Komische gezogen und naiver, doch flacher. Es sei keine wahre Herrschaft, wenn der Fürst *„sich nicht rächen und bisweilen das Müthlein kühlen, sich nicht etwas mehr erlustiren und frölich machen und nicht je zumahlen einen sprung auss den schrancken thun dörffte"*. Die bei aller Selbstigkeit geistige Forderung Machiavells wird zu platter Eigennützlichkeit. Den deutschen Verhältnissen entsprechend fügt Moscherosch selbständig die Geistlichkeit als Gegner der herrscherlichen Gewalt ein, und trifft damit einen wesentlichen Zug der moralischen Minderbewertung weltlicher Macht und Herrschaft von Seiten der Kirche, wie sie jahrhundertelang gerade Julian gegenüber oft genug geltend gemacht worden war. Bei Geneste wie Moscherosch ist Julian der philosophische Kaiser, nicht der Apostat, eine Karikatur, die weniger aus persönlichem Interesse um ihrer selbst willen geschaffen ist; vielmehr erschien Julian als geeignetster Repräsentant, dem eine Satire auf den Machiavellismus in den Mund gelegt werden konnte.

Wohl über Moscherosch, dessen „Philander von Sittewald" er in der „Verkehrten Welt" zitiert, kommt Grimmelshausen[107]) zu

---

[106]) Gentillet führt im „Discours sur les moyens de bien gouverner" (1576), dem berühmten französischen „Antimachiavell", „Julien l'Apostat" an als Beispiel eines Herrschers mit Machiavellischen Tendenzen, vor denen er warnt.

[107]) Des Abenteurlichen Simplicissimi Verkehrte Welt nicht, wie es äußerlich scheinet, dem Leser allein zur Lust und Kurtzweil, sondern auch zu dessen aufferbaulichen Nutz von Simon Leugfrisch von Hartenfels. 1699.

Julian. In dieser simplicianischen Schrift erzählt der Held Simplex, wie er eines Tages beim Kräutersammeln von einem Unwetter überrascht wird, in einen hohlen Baum flüchtet, dessen Boden nachgibt *„also daß ich anfing hinunter zu rumpeln, und nicht wieder aufhörete, bis ich gar in die Hölle kam“*. Hier sieht er die verdammten Seelen der Ungläubigen in furchtbarer Hitze wie einen Funkenregen umherstieben; er sinkt immer tiefer, vorbei an Andersgläubigen, Schismatikern und Ketzern, bis er schließlich im untersten Höllenabgrund vor dem Thron Julians des Apostaten landet, der umgeben von Schmeichlern und Hofleuten die Qualen furchtbarster Hitze erleiden muß und außerdem von diesen mit glühenden Eisen durchbohrt wird. Dem vor Entsetzen über dies Schauspiel fast vergehenden Simplicius erscheint sein Genius tröstend zur Seite, und gefaßt verfolgt er weiter das grausige Schauspiel. Julian hat sich erholt, seine Peiniger angegriffen und mit einem glühenden Schwert in Stücke zerrissen. Er bemerkt Simplicius und als er vom Genius erfährt, daß dieser ein noch lebender Mensch sei, befragt er ihn nach den Zuständen auf der Erde und erzählt vorher selbst, warum er in der Hölle sei und wie er zum Ketzer wurde. Die Streitigkeiten der Christen untereinander, der Umgang mit Anhängern der verschiedensten Glaubenslehren, mit Zauberern und Heiden und die Einsicht in „Betrug und Untergang der alten heidnischen Götter“ haben ihn an jeder Religion irre werden lassen und dem Teufel zugeführt. Da er das ewige Seelenheil doch verscherzt hatte, wurde er bewußt zum großen Tyrannen und Christenverfolger. Begierig folgt er den Schilderungen des Simplicius vom Leben auf der Erde: Überall herrsche die christliche Lehre, die Juden seien das verachtetste Volk, von den Heidengöttern wisse man nichts mehr, an den Fürstenhöfen herrsche musterhafte Ordnung. Alle müßigen Hofschranzen sind abgeschafft, nur weise, tapfere, erfahrene Männer erhalten Ämter. Alle Laster, Jagd, Würfelspiel, Tanz, Zechen seien verpönt. Das Gespräch zwischen Simplicius und Julian nimmt ein Ende, da seine Peiniger wieder lebendig geworden sind und ihn in erneuter Wut mit ihren glühenden Waffen angreifen.

Während die „Sédition infernale“ Genestes sich bei Moscherosch in einem neutralen, nicht näher beschriebenen Raum abspielt und dem romanischen Vorbild folgend Julian zwar Karikatur ist, doch in menschlichen Dimensionen erscheint, steigert Grimmelshausen die Gestalt des Apostaten ins Ungeheure. Zutiefst in die Hölle, zu unmenschlichen, nie endenden Qualen verdammt, büßt Julian für das entsetzliche Verbrechen, Christ gewesen, aber dann selbstherrlich vom einzigen Glauben abgefallen zu sein. Zur Sühne der eigenen Tat kommt noch die für die Schuld jener hinzu, die er durch seinen Einfluß zum Abfall brachte, die nicht gleich ihm gepeinigt werden, sondern zu Henkersknechten des großen Verworfenen Julian bestimmt sind. Die Tiefe der Qual mag an der Reue und Verzweiflung Julians bemessen werden, der — könnte er nur einen Augenblick wieder auf der Erde sein — sich getraute, ihn so anzulegen, „*daß ich in Ewigkeit nicht hierher kommen durfte*".

Innerlichkeit des Empfindens, echter Schauer vor den Martern der Hölle und dem Ewig-Unabänderlichen einmal begangenen Unrechts sprechen aus Grimmelshausens Julian. Vor der Tiefe seines Leids und seiner Reue tritt das Moralisch-Didaktische — die satirische Schilderung der Zustände auf Erden — in den Hintergrund. Ebenso verschwindet vor diesem Eindruck das gelehrte historische Wissen Grimmelshausens von Julian. In abschreckender Häßlichkeit, doch in großer Pracht thront Julian zu unterst in der Hölle, halb magischer Spuk, halb durch die Fülle des Gesagten historisch bestimmte Person.

Außer Moscheroschs „Gesichten", mit denen Grimmelshausen die satirischen Momente gemeinsam hat, die in didaktischer Absicht ironisierenden Sittenbilder, hat ihm auch Dantes „Divina Commedia" in der „Verkehrten Welt" als Vorbild gedient, gleich ob in bewußter Nachahmung oder unbewußtem Versehen an Danteschen Bildern. (Aufenthalt im Wald zu Beginn, Eintritt in die Unterwelt, Begleitung des besorgten Genius, eine Art Nimbus, in dem die unschuldig Glaubenslosen leiden, die schichtenweise Anordnung der Verdammten, der zufolge Julian sich auf dem tiefsten Grund der Hölle befindet, die Seelen der Verdammten, die durch den Raum fliegen, die Wiederbelebung der zu Tode Gemarterten zu neuer Qual.)

Über das Zwecklich-Moralische und alle Anlehnung an Vorbilder hinaus[108]) erzählt Grimmelshausen menschlich erfüllt von dem, was er zu sagen hat. Gelehrtes Wissen und lebhafte Anschaulichkeit verbinden sich in der Schilderung von den umherirrenden Seelen: „*Die Seelen der armen Verdammten stoben mit und in den Flammen in die Höhe wie die Feuerfunken in des Vulcani Werckstatt und fielen jedesmal mit einem erbärmlichen Geheul . . . wieder in die Tiefe . . . wie Schneeflocken doch nicht so weiß, sondern gantz glühend*".

Halb noch selbst im Glauben an Teufelsspuk und Gespenster befangen entsetzt er sich über die eigenen Visionen: „*Ein jeder der sein Lebtag nur ein eintzigmal ein Gespenst oder nur einen feurigen Mann*

[108]) Auch weniger bedeutende Bildungsinhalte finden sich als gelehrtes Wissen gehäuft, so die Anspielung auf Sidneys „Arcadia", die geschichtliche Darstellung des Arrianismus, die geographische Verbreitung des Christentums.

oder Irrwisch . . . so nahe bey sich gesehen, kann sich leicht einbilden, wie mir damals zumut gewesen", oder konkret-anschaulich wird beschrieben, wie Julian seine Peiniger „*so klein zerhackte wie ein Lungen-Muss oder wie ein Füllsel in der Leberwurst*".

Mit Hilfe romanischer Stoffvermittlung und Bildungselemente (Quevedo und Dante) gelang Grimmelshausen ein wahrhaft großes Gemälde vom Höllenfürsten Julian, kurz bevor nur-rationales Wissen seinem Namen diesen Zauber zu rauben drohte.

Bereits nur als „historische Person" erscheint Julian zum erstenmal im Vorwort zur Übersetzung seiner „Caesares" durch Johann Ernst Rist[109]), den Sohn des Dichters. Bei der Vernachlässigung Julians durch den barocken Klassizismus im allgemeinen muß diese neue Würdigung des philosophischen Kaisers sich gleichsam als unterirdische Strömung fern von den Erscheinungen an der Oberfläche vorbereitet haben.

Der Übersetzung voran geht ein Gedicht von Johannes Wolcken, der gleich Rist Mitglied des „Elbschwanenordens" war, unter der Überschrift „Schutzregel den Kayser Julianum zu verthädigen aufgesetzet an den Geiffersüchtigen Tadler". Der erste Teil des Gedichtes richtet sich ausschließlich gegen einen Theon benannten Krittler, der sich vermutlich ungünstig über Julian geäußert hatte, die weiteren Strophen rühmen Julian und verteidigen ihn gegenüber Gregor von Nazianz und Cyrill:

„Dieses Werk das du hier siehst
Ist genommen von den Griechen
Theon du magst dich verkriechen
Ob du dich gleich hoch bemühst
Deine Meinung herzusagen
Was du sprichst bleibt nur ein Tant
Dieses Werk ist wohl bekannt
Und wird Pindus angetragen.

Hierin kanst du klärlich sehen
Was so mancher Nasenweiser
Hat geschrieben von dem Kayser
Liess nur den Nazianzen
Welcher will das Böse merken
So der Kayser hat gethan,
Und verschweigt was Julian
Sonst verübt an guten Werken.

[109]) Die Kayser des Juliani, das ist eine anmutige Satyra oder Schimpfgedicht des Abtrünnigen Kaysers Juliani. Hamburg 1663.

Eben das setzt auch Cyrill
Was Nazianzen geschrieben
Bloss durch Eifersucht getrieben.
Wenn man es recht sagen will
So ist Julian zu loben
Weil er das auch hat geliebt
Was die wahre Tugend liebt,
Und wird Himmel an gehoben.

. . . .

Hier in dieser klugen Schrift
Wirstu Theon können lesen
Wer doch Julian gewesen
Und dass er auch hat gestifft
Das man billig muss erheben.

. . . .

Im „Vorbericht an den Leser“ wird Julian als kein schlechter, aber leichtsinniger Kaiser bezeichnet, seine guten Eigenschaften und großen Taten werden an erster Stelle genannt, denn es sei *„rühmlicher eines Kaisers herrlichen Tugenden nachzueifern, als desselben grobe Fehler durch Verleumdung zu vergrößern“*. Wie eine Vorwegnahme Voltaires erscheint die Behauptung: *„wenn (Julian) bei so grosser Hertzhafftigkeit des Caesaris Glück und des Augusti langes Leben hette mügen haben, alle Helden der gantzen weiten Welt ihm billig hetten müssen weichen*[110])“.

VI. WANDEL DES JULIANBILDS DURCH AUFKLÄRUNG UND RATIONALISMUS.

So verschieden im Verlauf der Jahrhunderte, vom Zeitcharakter oder von der persönlichen Eigenart des einzelnen gefärbt, die Nuancen der Beurteilung Julians auch gewesen sein mochten — eine gemeinsame Grundeinstellung hatte von Anbeginn obgewaltet; der Blickpunkt, von dem aus er betrachtet wurde, war überall der gleiche gewesen: das mit naturgesetzlicher Selbstverständlichkeit herrschende und problemlos als oberste, ja einzige Instanz anerkannte Christentum. In dieser Gemeinsamkeit zeigten sich die heterogensten Einzelauffassungen: Mittelalter und Renaissance, Luthertum und Jesuitismus verbunden; der Maßstab, den sie anlegten, war christlich-„geeicht“, und so konnte Julians Apo-

---

[110]) Nicht erreichbar war ein Drama von Johann Christ. Wenzel: Der ohnmächtige Schulfeind Julianus.

stasie selbst bei Anerkennung seiner guten Eigenschaften und großen Taten von ihnen allen stets nur als mehr oder minder schwer zu verurteilendes Vergehen, als sündhafter Verstoß gegen Glauben und Tradition angesehen werden. Eine grundlegende Wandlung erfolgt nun im Zeitalter der „Aufklärung". Zum ersten Male ist der Blickpunkt außerhalb des Christentums verlegt, man steht nicht mehr darin, sondern gegenüber; das ehemals alles Umspannende und Einschließende wird jetzt von der eigenen Ratio aus entweder als Feind bekämpft oder als persönliche Glaubensform gewählt oder als Objekt beurteilt. Mit dieser neuen Art der Bewertung verliert der Name „Apostat" die ihm bisher selbstverständlich innewohnende Anklage, und der Zauberspuk, den Dogma und Aberglauben um Julian gewoben hatten, zerstiebt im klaren kalten Licht der ihrer selbst bewußten Vernunft. Jetzt erst wird eine historische Würdigung des christenfeindlichen Kaisers möglich, die dem erwachenden Geschichtssinn der Renaissance trotz mancher Ansätze eben wegen seiner unerschütterlichen Religionsgebundenheit noch versagt geblieben war.

Die erste Äußerung im neuen Geiste ist Arnolds „Unparteiische Kirchen- und Ketzerhistorie"[110a]. Als verfolgter Pietist greift Gottfried Arnold die protestantische Orthodoxie an und wird so zum Verteidiger der „Ketzer". Vorurteilslos und unterrichtet gibt er ausführlich Bericht über Julian, wertet die Quellen und ihre Glaubwürdigkeit, doch ohne Julian dabei über Gebühr zu verherrlichen. Seine Abkehr vom Christentum wird nicht als freie Wahl eines Verehrers der Antike, sondern als begreifliches Zurückschrecken vor einem damals bereits in Entartung und Spaltung begriffenen christlichen Dogma dargestellt. Den Christen gegenüber verteidigt Arnold Julian, doch ohne daß er eine allgemein geistesgeschichtliche Würdigung zu geben beabsichtigt hätte oder dazu imstande gewesen wäre; denn es ist ja nicht die besondere Liebe zu einem auserwählten Helden, sondern die Empörung über getanes Unrecht, die aus Arnold spricht.

Die endgültige Befreiung Julians von der aus Haß und Wut erzeugten Vorstellung eines Zauberers und Ketzers, wie die Kirche sie geformt und jahrhundertelang genährt hatte, blieb Voltaire[110b] vorbehalten.

Als Wohltäter Galliens und Gründer der Hauptstadt Paris war Julian in Frankreich früher gerecht beurteilt, in seinen Verdiensten an-

---

[110a]) 1740. Bd. 1. [Benutzte Ausgabe.] Erschienen 1699.

[110b]) Voltaires ausführliche Beschäftigung mit Julian, sein bahnbrechendes Urteil und seine Beziehung zum deutschen Geistesleben erforderten ein näheres Eingehen auf ihn.

erkannt und gerühmt[111]) worden als in Deutschland. Von Frankreich ging auch zur Zeit der Befreiung des gesunden Menschenverstandes aus den Fesseln dogmatischer Vorurteile und Postulate eine systematische und auf Deutschland wirkende Ehrenrettung des von der Kirche verfluchten Abtrünnigen aus als eines edlen Menschen und frühen Vernunftkünders. Voltaire[112]) machte es sich gleichsam zur Aufgabe, das Gedächtnis des gehaßten Kirchenfeindes von alten Beschuldigungen zu reinigen, ihn als großen Kaiser und darüber hinaus als philosophischen Aufklärer hinzustellen. Dabei bediente sich Voltaire — wenn auch von der inneren Einsicht in das Wesen Julians geleitet und berührt von ähnlichen Meinungen und Konflikten[113]) — einer dialektischen Methode. Vor allem im Artikel „Apostat" des „Dictionnaire Philosophique"[114]) behandelt er eingehend und ausschließlich den Abfall Julians vom Christentum, den er als bedeutungslose, zweckdienliche Handlung hinstellt. Von Kindheit an habe sich Julian dem Studium der Antike gewidmet, in den heidnischen Schriftstellern Zuflucht gefunden vor den Verfolgungen des Constantius. Um dem sicheren Tod durch Mörderhand zu entgehen, der Julian gleich den übrigen Verwandten des constantinischen Hauses drohte, wenn er durch Eigenwilligkeit des Oheims Aufmerksamkeit auf seine Person lenkte, habe er das Amt eines christlichen Lektors in den Kirchen übernommen, jedoch ohne innere Bindung zum Glauben seines Verfolgers. In seinen Schriften erwähne Julian nie sein vorgegebenes Christentum, bekenne sich stets zum Götterkult, und das sichtlich aus Notwehr erfolgte öffentliche Auftreten im Dienste Christi dürfe weder als freie Handlung gewertet noch Julians späteres Verhalten als Widerruf angesehen werden.

Scharfsichtiger und klarer sieht Voltaire die inneren Zusammenhänge der Handlungen Julians als je vor ihm einer, obwohl hie und da in historischen Berichten früherer Jahrhunderte schon der gleiche naheliegende Erklärungsversuch des julianischen Apostatentums aufgetaucht war. Aber als scharfer Dialektiker und geschickter Advokat stellt Voltaire diese Frage in den Vordergrund des Julianproblems. Außerdem war die Welt um ihn nun bereit, das Wesentliche des Beweises aufzugreifen.

---

[111]) Montaigne, Oeuvres complètes, ed. Armaingaud Paris 1926, IV, 279: „C'estoit à la vérité, un très grand homme et rare."

[112]) Voltaire passim. Vgl. Registerband der Oeuvres complètes ed. Garnier Frères. Paris 1877—85.

[113]) Vgl. z. B. Voltaires Verteidigung des julianischen Arguments aus der Schrift „Wider die Christen", daß Gott den ersten Menschen den Baum der Erkenntnis nicht verbieten durfte, sondern empfehlen mußte. Vol. XI, 29.

[114]) Vol. XVII, 316.

Voltaire kämpft voll Haß gegen Intoleranz und Dogma; in der Art seiner Beweisführung fast wieder selbst dogmatisch, verteidigt er Julian gegen Anschuldigungen und Lästerungen vergangener wie gegenwärtiger Zeiten[115]). Um Julian, der für ihn *„le premier des princes et des hommes après Marc Aurèle“* ist[116]), gerecht zu werden, solle man einen Augenblick annehmen, der Prinz sei — als er Lektor wurde — vom innerlich geglaubten Heidentum abgefallen, und dann die Taten des nur 32 Jahre alt gewordenen Helden prüfen und richten. In dem geschickten Plaidoyer wird es als *„plus grand effort de la raison“* bezeichnet, daß Julians Name nun ohne das schmähende Beiwort „Apostat“ geführt werde, denn das Zeitalter der Toleranz sei angebrochen.

Immer erscheint befremdend die sophistische Beweisführung Voltaires, die allein vom Endzweck der Ehrenrettung geleitet, oft fast widersinnig anmutet. Das Wort kämpft und will siegen. Wo Lessing im Kampf gegen Beschränkung, Aberglauben und Intoleranz in wenigen Worten seine ganze Person einsetzt, funkelt bei Voltaire deutbare Dialektik, die die letzte auf den Schreiber zurückfallende Konsequenz aufhebt oder zumindest weniger verantwortungsvoll macht. So ist es möglich, daß der Freigeist Voltaire an geeigneter Stelle die Verteidigung Julians matt einschränkt: *„On doit le plaindre de n'avoir pas été chrétien, mais il ne faut pas le calomnier“*[117]). Auch andere große Männer, die darum nicht verfolgt wurden, seien Heiden gewesen. Als Zeugen führt Voltaire Cato, Pythagoras, Vergil, Solon an, unbekümmert, obwohl nicht unwissend, daß Ablehnung des wir-

---

[115]) Dabei wendet Voltaire sich auch gegen den Abbé de la Bléterie. Dieser hatte (Vie de l'empereur Julien, Amsterdam 1735), mehr Vorläufer als Gegner Voltaires, leidenschaftslos und ziemlich gerecht nach Überwindung der „juste horreur que m'inspire son apostasie“ Julian so beurteilt, daß der, den die einen mit Nero und Domitian, die anderen mit Mark Aurel verglichen, wohl von beiderlei Stoff gewesen sein mußte „et qu'il ne fut point un grand homme mais un homme singulier“. Bléterie beruft sich auf die Kirchengeschichte von Fleury, und auch Voltaire behauptet, daß allgemein feststehe, „que l'empereur Julien était un héros et un sage, un stoïcien égal à Marc Aurèle“. Auf welche Gewährsmänner außer Montaigne dabei angespielt wird, ist hier nicht festzustellen. Die Phasen der in Frankreich lebendigen Erinnerung an Julian müßten besonders verfolgt werden. Teilweise herrscht größere Sympathie, andererseits findet auch der Haß stärkere Ausdrucksform. Der von Voltaire zitierte La Chétardie (l'Apocalypse expliquée par l'histoire ecclésiastique, Paris 1702) beweist, daß das Tier mit 7 Köpfen und 10 Hörnern Julian sei.

[116]) Dictionnaire philosophique, Article Julien, Vol. XIX, 541.

[117]) Eclaircissement historique, Vol. XXIV, 487.

kenden Christentums und Unkenntnis in vorchristlicher Zeit von jeder Geschichtsdeutung verschieden beurteilt wurden.

Neben derartig fraglichem Einsetzen findet sich dann wieder ein offenes Bekenntnis zu Julian, ohne daß sich eine bestimmte Entwicklung der Julian-Sympathie bei Voltaire verfolgen ließe.

„*Si nous défendîmes la cause de Julien avec quelque chaleur, c'est qu'en effet ce prince philosophe qui était si dur pour lui-même, fut très indulgent pour les autres*"[118]).

Jedem Franzosen, besonders jedem Pariser, muß das Andenken Julians teuer sein. „*On verse des larmes de tendresse quand on songe à tout le bien qu'il nous fit. Et voilà ce qu'un polisson appelle Julien l'Apostat.*"

Das Bild, das Voltaire von Julian schuf, ist überzeugender und wirksamer geworden als die Sympathie des Schöpfers für seinen Gegenstand. Denn auch hier ist es nicht Voltaires Interesse allein an der großen Gestalt Julian, die ihn zur Verteidigung treibt, sondern Julian ist Beispiel für den Kampf der Vernunft gegen Aberglauben und Intoleranz:

„*Après tout qu'importe. Pourvu que nous n'ayons aucune sorte de superstition, à la bonne heure que Julien en ait eu*"[119]).

Ziemlich kühl ist auch Voltaires Beurteilung der Übersetzung von Argens[120]), der am Hof Friedrichs des Großen lebte, in den Ausführungen:

„*on est forcé de regarder Julien comme le premier des hommes de son temps. Il est bien triste qu'un apostat comme lui ait en plus de vertu dans le coeur et plus de justesse dans l'esprit que tous les Pères de l'Eglise*"[121]).

So ironisch der „apostat" im Munde Voltaires auch gemeint sein mochte, mußte er doch eine etwas fragwürdige Erinnerung an die so heftig bekämpfte Vorstellung bilden, die der Verfasser wohl nur bei der Beurteilung eines „Nebenbuhlers" in der Julian-Verteidigung erweckte.

Wie einsichtig, „vernünftig" und notwendig Voltaires Rettung Julians und Richtigstellung seiner persönlichen Handlungen ist, widerlegt sie nicht den Einwand, daß vor der Geschichte, die ihre Werte selber schafft und deshalb jenseits vom Irrtum steht, Julians Apostasie bestand und weiter bestehen wird als persönlicher und daher unwirksamer

---

[118]) Fragments sur l'histoire générale, Vol. XXIX, p. 244.

[119]) Lettres, Vol. XXX, p. 490.

[120]) Défense du paganisme par l'empereur Julien en grec et en français avec des dissertations et des notes. Berlin 1764.

[121]) Vol. XXXXIII, 360, Brief an den Comte d'Argental.

Versuch des Abfalls von der noch jungen und darum um so mehr gefährdeten Institution der christlichen Herrscherdynastie. Julian unternahm es tatsächlich, die gerade Wurzel fassende Tradition eines christlichen Imperiums, aus dem das „Kaisertum von Gottes Gnaden" sich entwickeln sollte, zu durchbrechen und von der Idee des Reiches Christi auf Erden abzufallen. Gregor von Nazianz und seine Gesinnungsgenossen hatten bewußt in Julian den abtrünnigen Lektor geschmäht und verurteilt, unbewußt oder nur ahnend verteidigten sie jedoch die bedrohte Idee. Wie Caesar nicht als gehaßte Person, sondern als Widerspruch der republikanischen Idee den Tod fand, so entstand — vor dem Forum der Geschichte — nicht der Privatperson Julian, sondern dem Durchbrecher der christlichen Herrscherreihe der Fluchname „Apostat".

Voltaires Beweisführung zugunsten Julians ist unter den mannigfachen anderen lobenden Zitierungen seines Namens die fruchtbarste und wirksamste geworden. Sie ist zugleich für die Beurteilung von Julians Charakter und Schicksal wie für sein Bild im Zusammenhang des großen Weltgeschehens bedeutsam. Mit Voltaire setzt die Brechung der Juliantradition ein. Während vorher infolge seines Apostatentums sein Name mit Nero, Nebukadnezar und Judas, mit den großen Bösewichtern und Verworfenen der Geschichte zusammen genannt wurde, ungeachtet seiner feldherrlichen Gaben, kriegerischen Erfolge und schriftstellerischen Leistungen, und dieser „magische Name" auch in Zeiten quellenkundiger Renaissance nur wenig verblaßte, raubt ihm die Aufklärung, indem sie ihn als „historische Person" sieht, diesen bösen Zauber. Sie befreit sein Andenken vom Vorwurf des Apostatentums und schafft dadurch der Würdigung des Helden Julian einen neuen Raum. Über den Freispruch von der Schuld der Abtrünnigkeit hinaus werden nun die guten Eigenschaften und Taten Julians neu beleuchtet, so daß der einstige Gefährte Kains, Neros, Domitians plötzlich in Gesellschaft und in rühmlichem Vergleich mit Achill, Alexander, Caesar erscheint. Von dem zweifachen Bild, das schon die zeitgenössische Julian-Überlieferung kannte, hatte sich bis zur Aufklärung klar erkennbar nur das julianfeindliche gezeigt; seit Voltaire wird vor allem die andere Spiegelung deutlich, wenn auch stärker getrübt als dies früher im umgekehrten Sinn geschehen war, da den historisch gebildeten Epochen auch Julians Schwächen bekannt waren.

Julians tragisches Schicksal, an der Wende zweier Zeiten zu stehen und trotz Begabung und Tatkraft weder übermenschlich-heldische Größe zu besitzen noch Zeit und Gelegenheit zu finden, den Strom des Weltgeschehens nach einer Seite merkbar zu beeinflussen, gleich ob fördernd oder hemmend, aber gestaltend, hat seinen Widerschein in der Geschichte seines Fortlebens so deutlich erfahren, daß aus ihr allein schon die Zwiespältigkeit des Urbilds kenntlich werden könnte. Mit der Ehrenrettung seiner „historischen Person" ist Julians „magischer Name", soweit er überhaupt wirkungskräftig gewesen war, fast ausgelöscht. Der von seiner Person ausgehende Strahl erfährt eine Brechung, seine Intensität eine Abschwächung.

Argens' Schrift war am Hofe Friedrichs des Großen entstanden, der schon als Kronprinz Voltaire gegenüber „Julien surnommé l'Apostat[122])" erwähnt und der doppelten Überlieferung gedenkt, die wie von Alexander und Pompejus die Geschichte auch von ihm bewahrt habe. Er verrät seine Kenntnis der Julianischen Schriften, wenn er aus ihnen den Ausspruch zitiert, daß der Gallier Sprache töne wie Gekrächz von Raben[123]).

Julians Name als der eines Helden und Philosophen war mittelbar durch den preußischen König von Frankreich herüber nach Deutschland gedrungen. So kam es, daß man hier wie dort Friedrich, den großen Sieger und Weisen, mit dem spätrömischen Kaiser in Beziehung brachte und verglich. In Frankreich geschah dies durch den Abbé de la Porte[124]), der eine Auswahl aus den Schriften der Philosophen auf dem Thron mit Einleitungen herausgab. Friedrich, der „Salomon du Nord" wird ausdrücklich mit Julian verglichen; beide haben sich vor dem Antritt der Herrschaft in stiller Zurückgezogenheit dem Studium der Philosophie und den schönen Künsten gewidmet. Beide sind Held und Philosoph zugleich, beide sehen in Mark Aurel ihr Vorbild, bei dessen leibhafter Verwirklichung Friedrich mehr von Erfolg begünstigt sei. Friedrich vereinige nun in seiner Person mit den eigenen Gaben und Tugenden die von Mark Aurel und Julian[125]).

Weniger um der gemeinsamen Größe als um der gleichen unchristlich-freigeistigen Gesinnung willen verbindet Klopstock[126]) Julians Namen mit dem Friedrichs des Großen, dem „Sieger von Sorr",

---

[122]) Abgedruckt bei Voltaire, Oeuvres complètes Vol. XXXIV, p. 344.

[123]) De la Littérature Allemande, Berlin 1780 p. 38.

[124]) L'Esprit des Monarques Philosophes: Marc Aurèle, Julien, Stanislas Lescinsky et Frédéric. Amsterdam 1764.

[125]) Diesen Vergleich wiederholt wörtlich Gardeton: Les Bienfaisances Royales ou Exemples d'humanité, de clémence, de générosité . . . donnés par des souverains de tous les siècles et de tous les pays entremêlés de réflexions de Marc Aurèle, Stanislas, Julien et Frédéric, ouvrage propre à élever l'âme des jeunes gens et à leur inspirer des vertus. Paris 1825.

[126]) Ode „Friedrich V.", Oden, hg. F. Muncker u. J. Pawel, Stuttgart 1889, S. 88.

dem er seine Bewunderung nicht versagen kann, dem er aber wünscht, daß ihm „Julianus zum Muster zu klein" sei, um sich gleich jenem vom Christentum abzuwenden.

Volle Bejahung des heldischen Julian ertönt aber bei Schubart[127]) in seinem Hymnus „Friedrich der Große", dem Gedicht, das bekanntlich zu seiner Befreiung aus der Kerkerhaft auf dem Hohenasperg beitrug:

„. . . . des Bettlers und Prinzen Recht
Wurde von Friedrichs Hand
Auf gleicher Schale gewogen.
Hektor, Achill und Caesar und Julian
Der Vorwelt und der Afterwelt Helden
Staunten als sein Kriegerruf hinabdonnerte
In des Todes Schattengefild . . ."

Eine ausführliche und begeisterte Ehrenrettung Julians bringt auch Wilhelm Wekhrlin[128]), durch seine französische Informatorenzeit ohne Zweifel mit Voltaires Schriften bekannt und als Aufklärer für ein wahrhaftiges Bild Julians eintretend, denn „heutigen Tags ists nicht mehr erlaubt, diesen Kaiser bei dem infamen Namen zu nennen, den die Bosheit erfand und die Dummheit fortpflanzte". „Eine Lektion an meine Zeitgenossen" betitelt er sein Werk, das oft in begeistertem Schwung der Rede Julian den großen Helden und Philosophen darstellt. *„Rom beseufzte das Alter der Auguste, der Titus, der Trajane: jenes goldene Alter wo die Götter herniedergestiegen zu seyn schienen, ihr Amt auf der Erde zu verwalten . . . Das menschliche Elend kennt keine betrübtere Epoche. Endlich erbarmte sich die Vorsicht: sie rufte den Schüler **Maxims zum Thron**."* Julians Wesen wird panegyrisch geschildert wie in Deutschland wohl an keiner anderen Stelle vor- und nachher. Die Apostasie wird mit dem Voltairischen und gewiß unmittelbar übernommenen Argument widerlegt, daß sein Christentum nirgends bezeugt, ein Abfall ihm also nicht vorzuwerfen sei. Das Bekenntnis zum Heidentum wird als „unglückliche Wahl" hingestellt, doch habe er praktisch die Religion der Gerechtigkeit befolgt. Der Wahrheit entsprechend wird Julian nicht als Eiferer für oder gegen eine Religion, sondern als „eine von den Koripheen der Eklektiker" hingestellt, wie es ja seine Schriften zeigen. Von den Christen sei er herausgefordert worden und auch dann schonend und nur um die allgemeine Ordnung zu wahren, vorgegangen. Daher sei die Feindschaft der Jahrhunderte

127) Gedichte, Frankfurt a. M. 1829, S. 282.
128) Chronologen, Frankfurt u. Leipzig 1781. Band 10.

gegen diesen Kaiser unverständlich. *„Ein erhabnes von Unglück erwärmtes Herz, eine lichte philosophische durch Nachsinnen festgewordene Seele, ein Geist vom größten Umfang sind die Grundzüge im Karakter dieses Prinzen. Sie sinds, aus denen sich mit der Zeit eines der allervollkommensten Muster des Herschers, Helden und Völkervaters bildete . . . Die ganze Weisheit Antonins, alle Güte Trajans, der Heldenmut Caesars, der Ernst Catos, die Tapferkeit Alexanders und die Enthaltsamkeit Scipios begleiteten Julian auf den Sitz der Auguste.“*

Befreit vom berüchtigten Beinamen des Apostaten, den Großen der Gegenwart und Vergangenheit zur Seite, erscheint Julian bekannt und gerühmt um seiner Heldentaten und eigenen Meinungen willen. Diese auf Voltaire zurückgehende Wandlung im Zeitalter der Aufklärung wird in Deutschland wenn auch durch wenige doch so deutliche Beispiele bezeugt, daß sie wohl als Ausdruck allgemeiner Gesinnung zu werten ist[129]).

[129]) Die weniger deutlichen Stimmen seien nur kurz berücksichtigt: Daniel Schöpflin (Alsatia Illustrata, 1751 Bd. I) beschäftigt sich ausschließlich mit Julian, dem Heerführer in Gallien, denn nur als solcher war er im Plan seines Werkes von Bedeutung; Julian der Hellene und Feind der Kirche, der Feldherr in Persien bleiben unberücksichtigt. Laut Ammian, Eutropius, Aurelius Victor werden Julians Verdienste um Gallien gerühmt. Er ist stets „Julianus Caesar“, der tüchtige Feldherr, niemals „Julianus Apostata“. Wieweit dies Schöpflins eigener Ansicht und Quelleneinsicht zu danken oder Einfluß Voltaires auf den vielgereisten Straßburger Historiker ist, wird nicht ersichtlich. Der weite Geschichtsblick und Sinn für großes Geschehen des durch Goethes Schilderung in „Dichtung und Wahrheit“ sympathischen Mannes ist selbst durch die nach Humanistenart lateinische Form seiner Julianbetrachtung zu erkennen.

Trocken-schulmeisterlich ist die Julianschilderung in David Faßmanns „Gesprächen im Reiche derer Toten“ (Bd. XIII, 1735/6). Der Gattung nach Lukian folgend, doch in Form und Inhalt geist- und witzlos, belehrend und geschwätzig, bringt Faßmann berühmte Verstorbene aller Jahrhunderte im Gespräch über ihre eigene oder die gegenwärtige Zeit zusammen, streut längere Exkurse über historische Lebensläufe und Ereignisse ein, von flachstem Niveau aus betrachtet und in farblosem Zeitungsdeutsch. Die 205. und 206. „Entrevue“ findet statt zwischen „dem Kayser Marco Aureliano Antonino sonst der Philosophus zugenannt und dem Kayser Julian, welcher aus einem Christen wieder ein Heyde worden, worinnen beider großen Kayser, eines Theils Ruhmwürdiges, andern Theils aber lasterhafftes Leben enthalten“. Zuerst berichtet Mark Aurel über sein Leben, dann kommt die Reihe des Erzählens an Julian. Die Gesinnung des stofflich wie sprachlich uninteressanten Referats zeigt bereits das Motto des allegorischen Titelkupfers:

„Der Julianus war zwar wohl ein grosser Kayser
Erwiese Christo auch im Anfang göttlich Ehr
Allein er wurde nicht wie sichs gebührte weiser,
Dieweil er fluchete auf derer Christen Lehr.“

VII. INDIVIDUALISTISCHE AUFLÖSUNG DES JULIANBILDS BIS ZUR MITTE DES 19. JAHRHUNDERTS.

Julians Befreiung vom Kirchenbann, die Verteidigung seiner bisher verurteilten Taten und Meinungen und andererseits die Erinnerung an den gehaßten und von der Kirche verdammten Ketzer von ehedem, dazu sein wahrhaft zwiespältiges Wesen verhinderten, daß nach dem Umsturz der Überlieferung ein neues geschlossenes Bild sich in der Literatur spiegeln konnte. Julians Person war dem Stoffbereich der Gebildeten näher gerückt, doch sein Name konnte verschiedene Vorstellungen heraufbeschwören, sein Wesen wurde je nach der Art des Gestalters individualistisch gesehen und gedeutet. Bis in die Gegenwart hinein erscheint Julian weniger als Gestalt denn als Problemträger, als wandelbare Form für persönliche Anschauungen und Ideen benutzbar. Fest umrissen wird sein Bild nur von der Geschichtschreibung festgehalten. Hier erfuhr Julians besondere Tat, sein vergebliches Mühen um Behauptung der Antike, auf Grund der Herderschen Lehre vom organischen Werden und Vergehen, eine gerechte Ablehnung.

Julian, der siegreiche Held und philosophische Kaiser, als Verbündeter der alten Welt im Kampf gegen die neue mußte als spannungsreicher dramatischer Stoff gelten. Das hatte schon Wekhrlin erkannt und mit der Begrenzung auf eine ihm besonders geeignet erscheinende Szene im Leben Julians ausgesprochen[130]).

Es folgt die Schilderung aller von Julian überlieferten Taten und Anekdoten ohne Gruppierung oder Parteinahme, aber auch nicht historisch-sachlich, sondern sensationshungrig und im Stoff einen Effekt suchend, den der Verfasser doch außerstande war, im Wort lebendig zu machen. Von einer neuen Gesinnung Julian gegenüber ist nichts zu spüren, wenn auch Faßmann ersichtlich der Abtrünnigkeit Julians trotz eingehender Sagenberichte wenig Bedeutung zuerteilt.

(Gleichfalls in der anderen Welt und mehr im Geist Lukians läßt Fielding Julian erscheinen [Works, London 1871. „A Journey from this World to the next"].)

Neutral das Schlechte kennend doch das Gute lobend behandelt Nicolaus Giseke (Neue Beyträge zum Vergnügen des Verstandes und Witzes. Bremen und Leipzig 1747 Bd. IV), der Hauslehrer Jerusalems und Mitarbeiter der Bremer Beiträge, den Gerechtigkeitssinn Julians in dem Gedicht „Kayser Julianus der Abtrünnige". Julian „welcher kühn dem Gott der Götter widerstand und sich bewaffnete den Ewgen zu bekriegen" war doch frei von Schmeichelei und regierte als ein gerechter Herrscher.

130) Wekhrlin l. c. „Ich wundere mich, daß irgendein deutscher Dichter nicht längst darauf fiel, aus der Szene mit dem Sohn des niedersächsischen Fürsten Nebiogast ein Drama für das Nationaltheater zu schneiden."

Die dramatischen Pläne Schillers und Adam Müllers sind leider nicht zur Ausführung gelangt, wohl nicht ohne innere Notwendigkeit. Der Mangel an Geschlossenheit in Julians Person mochte die dramatische Gestaltungsmöglichkeit beeinträchtigen. Julian der Hellene und im christlichen Sinn schuldbeladene Gottesleugner fesselte Schillers Aufmerksamkeit. Durch Gibbon[131]) mit den historischen Vorgängen vertraut erwähnt er im Briefwechsel mit Körner[132]) das vierte Jahrhundert als geeigneten dramatischen Stoff, worunter Körner in seiner Antwort, ohne Näheres zu erfragen, Julian versteht, so daß eine frühere Erörterung des Themas anzunehmen ist. Er schwankt zwischen Julian und Gustav Adolf als dramatischem Mittelpunkt. Die Vereinigung heldischer Eigenschaften und geistig-reformatorischer Bestrebungen in derselben Person mußte ihm die beiden Führer ähnlich-problematisch erscheinen lassen. Schiller wählte den deutschen Stoff. Das Schuld- und Sühnedrama „Wallenstein" konnte wohl durch heimisches Kolorit dem in den Personen dargestellten Ideenkampf stärkere Wirklichkeit verleihen. Daß Schiller trotz des Ausdrucks „Heldengedicht" ein Drama plante und auch später auf diesen Stoff zurückkam, beweist ein Brief an Goethe[133]). Die „historische Welt" verbunden mit dem „fürchterlichen Interesse, das der Stoff hat" lockten ihn erneut zur Gestaltung des alten Plans, von dem sich kein eigenes Zeugnis erhalten hat, so daß von Schillers Deutung des julianischen Charakters, die ausgeführt sicherlich bestimmend für das kommende Jahrhundert geworden wäre, nichts bekannt ist.

Etwas deutlicher umrissen ist der Julianplan Adam Müllers[134]) überliefert. Das Werk des katholischen Konvertiten wäre die Verklärung von Tod und Auferstehung geworden „des allgemeinen Todes und allgemeinen Lebens". Geplant waren zwei Teile; im ersten sollte „Julianus Erhöhung und die Glorie der alten verfallenden Welt", im zweiten Julians Tod und der Sieg des Christentums verherrlicht werden. Der Held Julian wäre nicht verurteilt worden, die Ecclesia triumphans hätte *„den Abtrünnigen selbst mit seinen Entwürfen und mit seinen*

---

131) Gibbon: Decline and Fall of the Roman Empire (London 1897) gibt Vol. II Chap. 19, 22—24 eine ausführliche, gerechte Darstellung von Julians Leben.

132) Schillers Briefwechsel mit Körner hg. Goedeke. Leipzig 1874. I, 184 u. 433.

133) Schiller und Goethe, Briefwechsel 1794—1805. Stuttgart und Tübingen 1829. Teil IV S. 9 u. 14.

134) Friedrich Genz und Adam Müller, Briefwechsel. Stuttgart 1857. S. 93.

heidnischen Glaubensgenossen" in den Triumph erhoben. Nicht als schicksalhaft dämonischer Verbündeter unfruchtbar gewordener Kräfte wäre Julian zugrunde gegangen, sondern entgegen aller Wahrheit der Geschichte und seines Wesens als das Gnadenopfer eines bekehrten Romantikers dargebracht und gefeiert worden[135]).

Zur Ausführung gelangte in Deutschland[136]) zu dieser Zeit nur die Tragödie „Julianus Apostata" des Schillerepigonen Kuno von der Kettenburg[137]). Weniger der Wunsch sich persönlich mit Julians Gestalt oder einem an ihm sich offenbarenden Problem auseinanderzusetzen als das Streben des Liebhaberdichters, eine historische Persönlichkeit in Schillerschen Rhythmen doch schon im Geist des späteren Historizismus dramatisch zu behandeln, bestimmt dies Werk. Julian ist ein Schwächling, der allzu milde seinen Feinden begegnet und so ihre Macht stärkt, der aber in der Befangenheit seines Götterglaubens nicht vor eigenhändigem Menschenopfer zurückschreckt. Mit Julians Tod und dem Triumphgesang der Christen über den Sieg der Kirche schließt das ziemlich farblose historische Gedicht, das weder Ausdruck einer Persönlichkeit noch einer bestimmten Juliantendenz ist.

Bei Fouqué und Eichendorff, Romantikern in der volkstümlichen Bedeutung des Wortes, zeigt sich am ausdrucksvollsten, wie sich der historische Julian bei individueller Anschauung und Benutzung gleichsam als Requisit einer eigenen Vorstellungswelt wandeln konnte. Julian, ein schöner kriegerischer Ritter, wie die erwachte Begeisterung für mittelalterliches höfisches Wesen es forderte, wird in die beseelte Natur versetzt, sein Heidentum als magischer Spuk geheimnisvoll angedeutet.

In der „Legende von Kaiser Julianus dem Abtrünnigen", fünf Gedichten im Ton und Versmaß der Romanzen, hält sich Fouqué[138]) noch ziemlich an die Tatsachen der Basiliussage. Doch wird Julian bald „der Verlorne, der Abtrünn'ge falschen Muthes" benannt, bald „neuer Alexander" der „hochherrlich, siegreich, kühn nach Götterart" seine Herrschaft bis nach Indien ausdehnen wollte, je nachdem wie es

[135]) Die ungelöste Problematik des Julianstoffs mußte Hebbel anziehen, doch ist außer dem Satz des Tagebuchs (Tagebücher Berlin 1903. I, 76) „Julianus Apostata müßte eine gute Tragödie geben" nichts überliefert.

[136]) In Frankreich erschien 1823 „Julien dans les Gaules" von Etienne Jouy, eine dramatische Verherrlichung Julians, die das Peinliche einen Gottesleugner zu feiern durch Abschluß des Werks vor der Kaiserproklamation zu umgehen weiß.

[137]) Berlin, 1812.

[138]) Gedichte I. Aus dem Jünglingsalter. Stuttgart u. Tübingen 1816. S. 192.

die fromme oder weltlich-ritterliche Stimmung des einzelnen Gedichts eingibt. Das „Heldenauge", „stolze Lächeln", „strahlende Gelock" von „Romas gewaltigem Kaiser" werden gerühmt; sein schneller Tod in der Schlacht durch die Hand eines bleichen Reiters auf schwarzem Hengst hinterläßt stummes Grauen bei den frommen Mönchen, deren Kloster anmutig im stillen Tal zwischen Wiesen und Wäldern liegend geschildert wird. Trotz Geschichtstreue und christlicher Gläubigkeit wird unbewußt der finstere Heide Julian zum strahlenden Ritter.

Dagegen füllt Fouqués Prosaerzählung „Geschichten vom Kaiser Julianus und seinen Rittern"[139]) das geheimnisvoll Magische, das von Julian dem ritterlichen Helden und seiner Umgebung ausstrahlt. Mittelpunkt der Novelle, die sich in der Malerwerkstatt des mittelalterlichen Worms abspielt, ist ein großes Bild, das Julians Tod durch die Hand des Merkurius und das Entsetzen der Zuschauer darstellt. Auf die Nachbarskinder Werner und Giulietta übt das Gemälde einen besonderen Zauber aus und führt durch die Entdeckung, daß sie Nachkommen des kaiserlichen Gefolgmannes Wernharus und des Mercurius seien, zu ihrer glücklichen Vereinigung. Während der Jüngling nach dem Anblick des Bildes, „dessen Inhalt keiner erraten kann und vor dem manchen Menschen ein Grauen ankommt", in unruhige Fieberträume verfällt, in denen ihm der über den Wolken thronende Engel des Bildes schrecklich zu drohen scheint, deutet das Mädchen die Gebärde des Engels als Segenspendung für den toten Kaiser. In dem Nachtspuk heult eine heisere Geisterstimme seinen Namen, in Giuliettas Traumgesicht ruft ein Gesang den „holden abtrünnigen Engel" Julianus.

Trotz des Fehlens fester Umrisse macht das Dunkel-Unerklärliche um Julian ihn zum anziehenden Hintergrund und zugleich Mittelpunkt der Erzählung. Vielleicht in Erinnerung an Tiecks[140]) Wunsch, „aus den Geschichten der Helden des römischen Altertums etwas zu mahlen", voll Freude an romantischen Enthüllungen vergangener Familienbeziehungen, in der Art etwa des „Godwi", erzählt Fouqué kunstlos und naiv auf ein gleichgeartetes Publikum wirkend. Das geheimnisvolle Bild Julians wird als neuartiges Motiv verwendet, doch ohne daß ein dichterisches oder im besonderen für Julians Person bedeutsames Werk entstand.

In sprachlich beachtenswerter Form zeigt der mit Fouqué befreundete Eichendorff[141]) den abtrünnigen Helden in seinem „Julian" benannten Spätwerk. In einer Reihe lose miteinander verbundener

---

139) Neue Erzählungen III. Teil. Berlin 1818. S. 111.
140) Sternbalds Wanderungen. Berlin 1798. I, 243.
141) Gesammelte Werke. München und Leipzig 1911. Bd. II, 179.

Gedichte in wechselndem Versmaß werden historische und erfundene Episoden aus Julians Werk besungen. Das Zeitkolorit ist auch hier vom mittelalterlichen Rittertum bestimmt. Der römisch-hellenische Herrscher ist ein fahrtenfreudiger schwärmerischer Ritter aus der Romantikerschule mit „edler Stirn und träumerischen Augen". Die einzelnen Begebenheiten spielen sich meist als romantische Nachtstücke ab in verzauberten Gärten, bei Mondschein, rauschenden Brunnen, im dunklen Wald oder beim Schein der über das Moor tanzenden Irrlichter. Julians Perserzug gibt Raum für morgenländische Schilderungen, wie sie im Mittelalter die Kreuzzüge lieferten. Das Motiv der Gefolgschaftstreue, die den Severus unter Konflikten seinem Herrn und Kaiser Julian verbindet und schließlich doch zur Trennung des frommen Christen vom antiken Gottesverehrer und zum todbringenden Verrat führt, rückt Julians Gestalt bisweilen in den Hintergrund vor dem Schicksal dieses Severus und seines Sohnes, der gleich Julian sich dem Marmorbild verschwor.

Über das stimmungsvolle romantische Milieu hinaus ist Eichendorffs „Julian" gedanklich belasteter als Fouqués Romanzen von der Basiliuslegende. Ähnlich wie in seiner Erzählung vom „Marmorbild"[142]) veranschaulicht Eichendorff den Sieg Marias über Venus, des christlichen Glaubens über den antiken Kult, der als pantheistische Gottverehrung geschildert wird. Wie in der früheren Erzählung erscheint Venus als schönes Marmorbild, das sich unter den staunenden Blicken des Betrachters belebt, dessen Züge dem Helden in lebendiger Gestalt wieder und wieder geheimnisvoll erscheinen und ihn locken. Durch das Verlöbnis mit dem Marmorbild wird Julians Abkehr vom christlichen Glauben symbolisiert, sein Untergang bestimmt. Bei dem Sieg der weltfeindlichen christlichen Askese über die weltbejahende Herrschaft der „Götter Griechenlands" erklärt sich Eichendorff nicht unbedingt für den Sieg des Neuen. Gemäß dem Verlauf der Geschichte muß der Held Julian zugrunde gehen; doch nicht im Jubel der befreiten Christenheit, sondern in reuevollen Klagen des einstigen Gefolgmannes des Kaisers, der zum Mörder an seinem ungläubigen Herrn wurde, klingt die Dichtung aus. Der Form nach ganz in die Gefolgschaft der romantischen Schule gehörend, enthält sie im Keim Ideen, die gegen das Ende von Eichendorffs Lebenszeit wirksam wurden.

Auch dort, wo Julian nicht als Gestalt festgehalten ist, wo sein Name in der Diskussion fällt, als Anspielung, als beweisendes Bei-

---

[142]) 1817 von Eichendorff an Fouqué gesandt, der es im Frauentaschenbuch für das Jahr 1819 veröffentlicht.

spiel eigener Ansichten, gilt das Interesse weniger seiner Person als der Funktion, die er zu übernehmen hat.

In Hamanns[143]) dunkler Dialektik taucht er als „heiliger Julian"[144]) auf, der als „Basileus Helios" einen aufklärenden Lichtstrahl zur Beschämung von Theomachie und Autocheirie herabsenden möge. Julian ist der „gekrönte Weltweise", aber auch der „Projektmacher". Wie für Voltaire ist für Hamann vor allem Julians Schrift gegen die Christen mit ihrer rationalen, ironischen Beweisführung anziehend.

Julians Erneuerungsversuch der Antike muß Herder[145]) bei Betrachtung im Zusammenhang mit dem ewig fortströmenden Weltgeschehen um so fruchtloser erscheinen. Durch Heraufbeschwörung des Götterkults konnte das Christentum ebensowenig aufgehalten werden wie es Anlaß zum Untergang der bereits überlebten antiken Staatsform war. Im Gegenteil[146]) „*es bewirkte nur einen sanfteren und milderen Fall, indem es die wildern Hörner der Nationen, die es zu Boden rannten, so viel an ihm war, mit heiligen Binden bedeckte*". Für das Bedürfnis nach Religion, wie es im verfallenden Imperium immer stärker wurde, habe Julian aus bestehender Mythologie, Staatszeremonie und Philosophie ein Gemisch gebildet, es „*auf den Triumphwagen des größten Gepränges*" gesetzt, „*von den zwei unbändigsten Tieren Gewalt und Schwärmerei gezogen, von der feinsten Staatskunst gelenkt — alles umsonst! sie erlag! sie war verlebt — elender Aufsatz eines toten Leichnams, der nur zu anderer Zeit hatte Wunder tun können; die nackte neue christliche Religion siegte*"[147]).

So gemahnen Görres[148]) — gleich Herder ein Verkünder vom Werden der Geschichte — die Tage der Reformation an Julians Zeiten, da das Alte im Vergehen ist, das Neue noch nicht seine Form gefunden hat und die Menschheit ängstlich und schwankend im Gewesenen einen Halt sucht. „*Aber fruchtlos! Nimmer mögen die Dinge zu ihrem Ursprung kehren; es winken aus der Ferne andere Sterne, sie fordern die vereinte Kraft des Geschlechts, das länger nicht in unnützen Bestrebungen sich verzehren soll . . .*"

Die Tendenz, Geschichte als Werden und Vergehen, als ewige Wechselbewegung zu betrachten, fand in Julian das Beispiel eines Verblen-

[143]) Schriften hg. Roth 1823.
[144]) Vgl. l. c. IV, 273; II, 73; II, 13.
[145]) Werke hg. Suphan. Berlin 1877 ff.
[146]) l. c. XIV, 558.
[147]) l. c. V, 518.
[148]) Religion in der Geschichte. Heidelberg 1807. Creuzers Studien III, 313.

deten, der, instinktlos nur von seinem privaten Willen geleitet, sich dem großen Strom des Weltgeschehens entgegenwarf. Von diesem Blickpunkt aus wird die Geschichtsschreibung Julian zum erstenmal ganz gerecht.

Intuitiv und synthetisch in sprachlich endgültiger Form geht Johannes von Müller[149]) auf Julian ein. Da er in seiner Umgebung kein rühmliches Vorbild fand, suchte Julian seit seiner Jugend den Helden der Vergangenheit: Alexander, Caesar, Trajan... gleich zu werden. Für die Gegenwart fehlte ihm bei allem „Geist und Witz" doch „der richtige Blick", den Constantin besaß. Statt auf dessen Basis, der Anerkennung des Christentums, weiter zu bauen, bemühte er sich, das einstürzende Gebäude der alten Welt zu halten, und wenn er sich spöttisch und klug gegen den Wunderglauben der neuen Lehre wehrte, verfiel er doch bedenkenlos dem heidnischen Aberglauben und Opferkult. Doch in seiner letzten Stunde „fühlte er voraus, daß sein Werk mit ihm unterging". Diese Auslegung der historisch nicht belegten vermeintlichen Worte Julians „Galiläer, du hast gesiegt", als Resignation — bisher meist als Lästerung gedeutet — trifft Julians Wesen, aus dessen Schriften bereits mehr unsichere Eitelkeit als siegesgewisser Stolz, mehr Werbung um Anerkennung als imperatorische Macht spricht. Bei Johannes von Müller, wie fast zu allen Zeiten, tritt Julian der Feldherr, Eroberer und Verwalter zurück vor dem Unterdrücker des Christentums. Sein Besonderes, der Kampf um antike Kultur, interessierte mehr als seine Heldentaten, in denen Alexander und Caesar ihn übertrafen. Julians Gesinnung war besser als der Erfolg seiner geistigen Tat: „er meinte es gut". Einsicht in Julians tragisches Schicksal bewegen den unsentimentalen lapidaren Geschichtsschreiber zweimal zu dem Ausruf: „er ist zu beklagen". Und es scheint, als ob Julians Schicksal gemeint sei, wenn im „Beschluß" der „Vierundzwanzig Bücher" gesagt wird „... *daß Glück und Macht bei Staaten und Particularen das Werk festen Willens, großer Tätigkeit und richtigen Urteils sind*". Willen und Tatkraft besaß Julian, am richtigen Urteil fehlte es ihm, so mußten Glück und Macht ihm fernbleiben[149a]).

---

149) Vierundzwanzig Bücher allgemeiner Geschichten besonders der europäischen Menschheit. Stuttgart u. Tübingen 1839.

149a) Julians von Gregor von Nazianz bezeugte Häßlichkeit, die er mit seinem widerkirchlichen abtrünnigen Charakter in Einklang bringt, wird von Lavater (Physiognomische Fragmente, Leipzig und Winterthur 1778 IV, 193) kommentarlos unter anderen Zeugnissen über die Kongruenz von äußerer Erscheinung und Charakteranlage angeführt. Lavaters Frömmigkeit und die Überlegung, daß eine andere Meinung von Julians Wesen

VIII. HISTORIZISMUS UND PSYCHOLOGISMUS IN DER ZWEITEN HÄLFTE DES 19. JAHRHUNDERTS.

Die Art, wie die Geschichtsschreibung abseits von Herders Tradition Julians Leben und Taten darstellt, ist im Gegensatz zu Johannes von Müller, der bei genauer Sachkenntnis intuitiv deutet und synthetisch das Wesentliche hervorhebt, nun analytisch. Die Kenntnis der Quellen zu vermitteln, ist Hauptzweck. Der Schreiber tritt zurück vor dem Gegenstand, den er beschreibt, seine innere Beziehung zu ihm ist weniger deutlich spürbar. Die Kräfte und Spannungen der einzelnen geschichtlichen Personen verlieren an Bedeutung vor der Anerkennung eines Waltens der göttlichen Vorsehung, eines Weltgeistes oder Fortschrittsprinzips, dessen Gesetz dem Gestaltungsvermögen des Individuums enge Grenzen setzt.

Der Entstehungszeit nach noch in den vorigen Zeitraum, in Geist und Gesinnung bereits in die zweite Jahrhunderthälfte gehörend, sind die Äußerungen von Neander und David Friedrich Strauß über Julian. Neanders 1812 erschienene Schrift „Über den Kaiser Julianus und sein Zeitalter[150]) ist die erste wissenschaftliche Monographie über Julian auf Grund genauer Quellenkenntnis und -sichtung. Julian ist ihm außerdem ein Beispiel, *„wie wenig der einzelne vermag im Kampf mit der Vorsehung, die nach ihrem ewigen Ratschlusse den Geist der Zeiten leitet und bildet*". Nach ausführlicher Darlegung der philosophischen Verhältnisse zu Julians Zeit beschreibt Neander des Kaisers Leben und Taten streng nach den historischen Quellen ohne Pathos der Zu- oder Abneigung, sachlich gerecht, und dennoch mit Sympathie für den „hochstrebenden Geist" Julians.

Mehr tendenziös beurteilt David Friedrich Strauß den „Romantiker auf dem Thron der Caesaren"[151]). Strauß ist Freigeist genug, um in Julian nicht den Abtrünnigen von der Kirche zu sehen und zu schmähen. Was er an Julian tadelt, ist sein rückwärts gerichtetes Streben, das er als romantisch, als träumerisches Sichverlieren im Gewesenen mit dem Wunsch, die vergangene Zeit heraufzubeschwören,

---

dieser Theorie widersprochen hätte, lassen vermuten, daß die Gregorsche Aussage Lavaters Ansicht vom Apostaten traf.

Der Gegensatz der christlich-pietistischen zu Goethes Welt wird durch die Beschwörung von Julians Namen beleuchtet in dem von Jacobi überlieferten Ausspruch Goethes vom „Julianischen Haß", mit dem sich sein „Heidentum" der Pempelforter Frömmigkeit widersetzt hatte. (Briefwechsel zwischen Goethe und F. H. Jacobi hg. Max Jacobi. Leipzig 1846. S. 273.)

[150]) Gotha 1875.

[151]) Mannheim 1847.

bezeichnet, während dem Herrscher klare Erkenntnis des Gegenwärtigen und sicheres Handeln not tue. Es läßt sich nicht im einzelnen entscheiden, ob Strauß Julians Motive in Wahrheit so beurteilte oder ob es ihm mehr um Durchführung der Parallele mit Friedrich Wilhelm IV. zu tun war. Da Strauß zu Beginn seiner Schrift eingehende Quellenkenntnis beweist, mußte er unterrichtet sein von Julians Eklektikertum, in dem das Sträuben der Ratio gegen den christlichen Glauben, der imperatorische Wille, das Staatsgefüge in der wirksamsten Zeremonie zu einen; mehr als romantische Sehnsucht nach versunkenen Göttertagen sichtbar werden. Im allgemeinen aber war er vom julianischen Romantikertum durchdrungen, denn Strauß huldigte bereits der Fortschrittsidee, der zufolge das Neue stets das Höhere, Bessere darstellt. „*Uns Söhnen der Gegenwart, die wir vorwärts streben,... ist Julian als Romantiker, dessen Ideale rückwärts liegen, der das Rad der Geschichte zurückzudrehen unternimmt, zuwider . . . formell finden wir uns zu seinen christlichen Gegnern hingezogen, welche damals das neue Prinzip des Fortschritts und der Zukunft vertraten*[152])." Um den Verdacht christlicher Sympathien von sich abzulenken, rühmt Strauß gleich darauf Julians Bestrebungen, das Zeitalter der „freien harmonischen Menschlichkeit des Griechentums" herzustellen, das er wohl weniger mit den Augen Winckelmanns ansah, denn als Zustand dogmenloser Freiheit und gesicherter Zufriedenheit, begrüßte[153]).

Eine sachliche souveraine Würdigung Julians in der Geschichtsschreibung des 19. Jahrhunderts findet sich bei Ranke[154]). Von hoher Warte weniger auf menschliche Einzelheiten und psychologische Charakterdeutung ausgehend als auf Darstellung der großen Weltzusammenhänge und -verschiebungen erkennt Ranke das Bedeutsame der Übergangszeit, in der Julian zu wirken bestrebt war. In Julian sieht er den großen Repräsentanten der sich bekämpfenden Zeitströmungen. „*Man hat von repräsentativen Menschen gesprochen; in Niemand aber*

---

[152]) l. c. S. 50.

[153]) Auf wissenschaftliche Kenntnis gegründet, aber bei Anerkennung des Großen in Julian doch von persönlicher Abneigung erfüllt, ist Christoph Friedrich Schlossers Urteil über Julian. (Weltgeschichte III, 586, Berlin 1909.) Seinen Versuch der Religionserneuerung bezeichnet er als das „Hirngespinst von Poesie, Philosophie und Aberglauben eines Büchergelehrten", eine „unverständige Widersetzung gegen den Zeitgeist". Julians Sparmaßnahmen hält er im Sinn des modernen Sozialismus für unangebracht, da auf diese Weise viele an Julians Hof beschäftigte Menschen brotlos geworden seien.

[154]) Weltgeschichte, Leipzig 1883. IV, 1 S. 64 ff.

haben sich jemals die auseinandergehenden, einander widersprechenden Tendenzen einer Zeit stärker repräsentiert als in Julian die der seinen."

Die zahlreichen Dichtungen dieser Epoche, die Julian zum Mittelpunkt haben[155]), — bezeichnend für ihre Häufigkeit ist der Ausspruch Heyses, den er einem seiner Romanhelden in den Mund legt („*Natürlich war es kein geringerer als Julian der Apostat, den ich fünf Akte lang in Jamben dafür büßen ließ, daß er die alten Heidengötter wieder hatte zu Ehren bringen wollen*"[156]) — sind in geringerem Grad reines Bekenntnis zum Atheismus, wie erwartet werden könnte, sondern vielmehr zum Griechentum als dem vergangenen Zeitalter der Schönheit und irdischen Vollkommenheit. Diese Ausdeutung der buntschillernden Überlieferung bildet eine neue Metamorphose der vielgestaltigen julianischen Persönlichkeit. Als Literaturwerk bedeutend, von eigener Problematik erfüllt und zugleich Ausdruck einer Zeitströmung ist jedoch in dieser Epoche allein Ibsens historisch-psychologisches Drama.

Was Strauß bereits angeführt hatte, findet seinen poetischen Ausdruck im „Julian der Apostat" überschriebenen Jugendgedicht Felix Dahns[157]). Julian beklagt den Wahn derer, die sich mit Geißeln blutig schlagen anstatt in Dankopfern für die Götter den bejahenden Sinn des Lebens zu feiern. Abtrünnig ist nicht Julian. Jene tragen „des Abfalls Schuld",

„*die an den Schmerz ihr habt das Glück verraten*
und alle Freuden habt ans Kreuz geschlagen".

Nicht der Schwung des frühen Gedichts, wohl aber Vorliebe für diesen Stoff und Achtung vor Julians Größe auf Grund der historischen Einsicht spricht aus Dahns dreibändigem Geschichtsroman

---

155) Vgl. hierzu Richard Förster: Kaiser Julian in der Dichtung alter und neuer Zeit. Stud. zur vergl. Literaturgesch. V. Berlin 1905. Die dort besprochenen oder nachgewiesenen größtenteils unbedeutenden, für die persönliche Auffassung Julians wie für die Geistesgeschichte belanglosen Dichtungen und Darstellungen sind hier nicht nochmals angeführt. Nachzutragen wäre nur, daß Julians Name im Publikum so geläufig war, daß Maximilian Harden im verwandten Gefühl des Auflehnens seine ersten Arbeiten unter dem Pseudonym „Apostata" öffentlichte. (Gesammelt und 1892/3 als „Apostata" von Harden herausgegeben.) Vgl. auch den Anhang dieser Arbeit.

156) Der Roman einer Stiftsdame. Cotta 1887.

157) Gedichte. 2. Sammlung. Leipzig 1883. S. 32. Das Gedicht ist A. May gewidmet, der im Drama „Zenobia" (Dramen Leipzig 1867) Julian zum Mittelpunkt der Handlung gemacht hatte. Vgl. auch l. c. S. 29 Dahns Gedicht „Das Gericht zu Sirmium".

„Julian der Abtrünnige"[158]). Der „Professorenroman", stofflich aufs Genaueste unterrichtet, sprachlich zwischen dem Ton einer Alltagsunterhaltung und falschem Pathos wechselnd, distanzlos und bestrebt, den Helden „menschlich näher zu bringen" würde heute wohl kaum mehr als Werk von literarischer Bedeutung angesprochen werden, und soll hier nur als Vertreter der Gattung seinen Platz finden. Symptomatisch ist Dahns Juliangedicht bedeutsamer, das abseits vom Stofflichen der christlich-pessimistischen Sehnsucht Ausdruck gibt, die die Gegenwart verneint, aber nicht mehr gläubig vom Jenseits das Glück erhofft, sondern es bereits in der Vergangenheit betrauert.

Außerzweckliches rein persönliches Interesse an Julian, Sinn für die Problematik seiner Erscheinung trifft zum erstenmal zusammen mit dramatischer Produktivität bei Ibsen in dem Doppeldrama „Kaiser und Galiläer"[159]), dem ersten seiner Werke, das nach des Verfassers Bekenntnis unter dem Einfluß des deutschen Geisteslebens geschrieben war. Dieses Drama ist die einzige künstlerisch bedeutsame Auseinandersetzung der späteren Jahrhunderte mit der Gestalt Julians durch einen geborenen Problematiker und Psychologen, der in gleicher Weise bestrebt und befähigt sein mußte, das geheimnisvoll Dunkle des julianischen Wesens und Wirkens zu lichten auf Grund weitgehender Geschichtskenntnis und psychologischen Einfühlungsvermögens. Doch hier, wo Julian bewußt in die kosmischen Zusammenhänge einbegriffen ist, beweist sich, wie sehr sein Tun und Leiden privater und nicht weltgültiger Natur war. Es ist naheliegend, daß das Ungeklärte, Widerspruchsvolle und doch Bedeutsame der Persönlichkeit Julians, die Spannungsmomente der Weltstunde, in der er lebte, Ibsen den Stoff verlockend erscheinen ließen, und es ist schicksalhafte Notwendigkeit, daß auch ihm kein wirkungsvolles Julianbild gelang, daß dieses Werk des bühnensicheren Autors ausschließlich ein Lesedrama wurde[160]). Immer wieder erweist sich der Fluch Julians. Als Kaiser eines Weltreichs vom Schicksal in einen großen Wirkungskreis gestellt, durch persönliche Klugheit und Bildung über den Durchschnitt erhoben, fehlt es ihm zwar nicht an eigenen Gedanken, aber an innerem Adel und somit an Wirkungskraft. Wo er in den Bahnen des Überkom-

---

158) Leipzig 1898.

159) Sämtliche Werke. Hg. Brandes, Elias, Schlenther. Band V. Berlin 1899.

160) Das durch die Antithese seines Titels zwar bekannte Werk hatte 25 Jahre nach seiner Vollendung nur eine einzige Aufführung auf einer Berliner Liebhaberbühne zu verzeichnen (vgl. Schlenthers Einleitung l. c. S. XI).

menen blieb, als Feldherr und Grenzhüter hinterließ er die Spur großer Taten; doch wo er mit dem aus Verstandeseinsicht, nicht aus Lebensüberschwang genährten Willen, mehr aus literarischer als ursprünglicher Begeisterung sich mühte, die versinkende Antike neu zu beleben, nicht indem er sie verleiblichte, sondern dekretierte, mußte sich das Lebensunfähige dieser privaten Bestrebung und ihres Beschwörers erweisen, der sein Amt nicht füllte, und Spott und Hohn statt Furcht und Schrecken um sich entstehen ließ, der nicht nur vor dem großen Verlauf des Weltgeschehens Widersinniges erstrebte, sondern bereits für seine Zeit offenkundig die falsche Wahl traf. Aus dieser Einsicht in die Unfruchtbarkeit des Stoffes ist Ibsens Drama zu betrachten[161]).

Der erste, „Caesars Abfall" benannte Teil schildert Julians menschliche und geistige Entwicklung. Griechische Philosophie, sophistische Redekunst, christliche Lehre, theurgischer Kult wirken auf den weisheitshungrigen Prinzen ein. Sie lassen ihn unbefriedigt, denn er sucht Wahrheit im Leben, nicht in Büchern. Von Freunden und Schmeichlern umgeben, die in ihm den zukünftigen Verwirklicher ihrer Ideale und Pläne sehen, wartet der junge Fürst wahrheitsdurstig, doch ohne innere Entscheidung auf eine Offenbarung von außen für die Richtung seines Lebensweges. Sie wird ihm zuteil in der Geisterbeschwörung des Maximus, der zufolge Julian als „dritter Eckstein" nach Kain und Judas das dritte Reich, das der „Notwendigkeit begründet durch den Willen", verwirklichen soll. Die Wahl zum Caesar nimmt Julian an und es bleibt unentschieden, ob dies die Bewahrheitung der Prophezeiung ist oder ob Maximus ein anderes Reich des Geistes meinte. Der Besieger der Gallier, den die Feindschaft des Constantius unsicher gemacht hat, der eitel und geschwätzig erscheint, nährt den Gedanken, sich von der weltlichen Herrschaft zurückzuziehen, um zu den Büchern zurückzukehren. Mit dem Tod seiner Gattin Helena, die sterbend ihre Untreue an Julian bekennt, beginnt die Wandlung in Julians Charakter. Er entscheidet sich für die weltliche Kaiserherrschaft und nimmt die Wahl zum Augustus an. Doch noch ist er im ungewissen über die Wahrheit der galiläischen Lehre, die mehr als das, „ein Zauber ist, der die Sinne gefangen hält", dem schwer zu entgehen ist, so deutlich Maximus auch die Unvereinbarkeit des herrscherlichen Kaisertums mit dem Galiläer-

---

[161]) Eine ausführliche Analyse von „Kaiser und Galiläer" ergäbe eine Auseinandersetzung mit Ibsen überhaupt und ist hier nicht beabsichtigt. Bei der internationalen Aktualität sowie der Bedeutung und Wirkung des Problemschriftstellers Ibsen gerade auf Deutschland, mußte hier auf sein Drama eingegangen werden, soweit es für das Julianbild bedeutsam ist.

dienst verkündet. Erst als die Ehebrecherin Helena von den Christen als „reines Weib" heilig gesprochen wird, bedeutet die Wahl Kaiser oder Galiläer für Julian zugleich die zwischen Leben oder Lüge. Er entscheidet sich für die Verwirklichung seines Reichs auf dieser Welt und bekräftigt im heidnischen Opfer die Absage vom Christentum.

Während dieses Drama trotz eingehender breiter Milieuschilderung durch die Frage, ob und wie der Abfall Julians vom Christentum erfolgen wird, eine innere Einheit besitzt, einen entscheidenden Punkt, dem alles zustrebt, zerfließt der zweite Teil des Dramas „Kaiser Julian" ganz in eingehender Schilderung der Reden und Meinungen Julians, der Episoden, die sich laut geschichtlicher oder sagenhafter Überlieferung um ihn abspielten oder geschehen sein sollten. Theoretisch hätte die große Frage dieses Dramas die Entscheidung im Kampf des Kaisers mit dem Galiläer werden können. Dazu fehlte es aber an Substanz. Denn Julian verkörperte eben nicht das Heidentum, an dem die wirkliche christliche Macht sich hätte messen können, die eklektische, christliche Methoden benutzende Ausübung seiner Wiederbelebungsversuche an der Antike, sein frühes Ende entzogen ihn der scharfen, klaren Opposition.

So wird Julian im Banne seines Irrtumes, seiner als krankhaft geschilderten Wahnidee aus einem hochstrebenden Fürsten zum eitlen, verspotteten Schwächling, der selbst kaum mehr an seine Berufung glaubend, seine privaten Handlungen unter dem Geschrei des Pöbels öffentlich zur Schau stellt. Julian ist der weltfremde Philosoph, der Theoretiker, der beim Versuch, sein Wissen zu verwirklichen, Würde und Halt verliert und zum Spielball der realen Mächte wird. Auch auf dem Perserzug erscheint er nicht als der umsichtige Feldherr, sondern als Verblendeter, der im Vertrauen auf Träume und Opferdeutung seinem Verderben entgegengeht.

Außerpersönliche Bedeutung und inneren Sinn erhält die Erscheinung Julians bei Ibsen durch die Erkenntnis der Christen angesichts des toten Kaisers: Er war als Geisel Gottes geschickt, selbst mit Wahnsinn geschlagen, um die Uneinigkeit der Christen zu strafen, eine irrende Menschenseele als Werkzeug in der Hand Gottes.

Nicht in der Gestalt selbst sieht Ibsen die Lösung, den Fluch oder Segen ihres Soseins, sondern von außen herangetragen. Die Ausdeutung des julianischen Schicksals nach seinem Tod soll der im Leben unwirksamen Persönlichkeit ihre überprivate Bedeutung sichern.

Auch im 19. Jahrhundert ist Julian in der Dichtung nicht gefeiert worden. Das Fehlen unbedingter Größe, das seinem Kampf gegen die neue Weltmacht das Eindeutig-Bestimmende raubte und sein Bild im

Wandel der Zeiten so verschiedenartig erscheinen ließ, mußte von vornherein das Gestaltungsvermögen lähmen. Weder der Held und Philosoph noch der Apostat Julian konnten getrennt den Raum lebendig erfüllen; vereint aber mußten sie sich in ihrer Wirkung aufheben. Die Freisprechung Julians vom Fluchnamen Apostat, welche die Aufklärung bewirkt hatte, führte zwar zu einer historischen Würdigung, nicht aber zu einer dichterischen Verherrlichung des autonomen Julian. In tieferem Sinne besteht sein in des Wortes Grundbedeutung eigensinniger Abfall von der Tradition weiter. Sein Beiname bleibt bezeichnend für das einmalige, besondere Schicksal seiner mehr geistigen Persönlichkeit als herrscherlichen Gewalt[162]).

HAUPTDATEN AUS JULIANS LEBEN[163]).

Flavius Claudius Julianus mit dem späteren Beinamen Apostata, Neffe Constantins des Großen und Vetter von dessen Nachfolger Constantius, ist 332 n. Chr. in Konstantinopel geboren. Dort, in Nikomedien und auf dem Landgut Macellum erhält er durch christliche Lehrer eine umfassende Bildung, wird getauft und verliest öffentlich die Heilige Schrift. Der innere Bruch mit der Kirche wird in diese Zeit verlegt und dem Einfluß des Maximus von Ephesus zugeschrieben. Constantius gegenüber wahrt Julian den Schein, Christ zu sein. Der ursprünglich nicht zur Thronfolge bestimmte Prinz wird nach dem Tod aller übrigen Prätendenten (355) zum Caesar ernannt und mit des Constantius Schwester Helena vermählt. Julian muß seine Studien in Athen abbrechen und begibt sich in die bedrohte gallische Provinz. Die eindringenden Alamannen werden von ihm bei Straßburg in einer großen Schlacht (357) besiegt. Von Paris aus ordnet er die Verwaltung des Landes. Als Constantius Truppen Julians einziehen will, um sie im Krieg gegen Persien zu verwenden, rufen die empörten Soldaten Julian zum Augustus aus (360). Bei den Rüstungen zum Entscheidungskampf gegen Julian stirbt Constantius, nachdem er seinen Feind zum Nachfolger bestimmt hat. Als Kaiser erläßt Julian den Befehl, die heidnischen Tempel wiederaufzubauen bzw. zu öffnen und den Göttern zu opfern. Zu Beginn des Jahres 363 unternimmt er einen Feldzug gegen

[162]) Daß Julian auch wohl weiter als Repräsentant des Apostatentums gilt, bezeugt die Vergleichung Mussolinis mit Julian bei Pierre Dominique: Les Fils de la Louve (Paris 1926, S. 246).

[163]) Nähere Angaben über Julians Leben, Schriften und Bibliographie bei Pauly-Wissowa, Realencyklopädie der klassischen Altertumswissenschaft.

die Perser, wird im Kampf tödlich verwundet und stirbt im Alter von 32 Jahren.

Seine in griechischer Sprache verfaßten Schriften sind zum größten Teil erhalten.

SCHLUSSBEMERKUNG.

Die vorliegende auf Anregung von Friedrich Gundolf entstandene Arbeit macht es sich zur Aufgabe, das Bild Julians, wie es sich im Lauf der Jahrhunderte in der deutschen Literatur spiegelt, aufzuzeigen. Dabei wurden außerdeutsche Behandlungen im Text nur insoweit berücksichtigt, als sie mit dem deutschen Geistesleben unmittelbar verknüpft sind. Da das Material in den einzelnen Epochen bis zur Aufklärung nicht sehr umfangreich war, wurde es vollständig verwertet, weil auch das kleinste Zeugnis von Wichtigkeit schien. Später konnten die weniger prägnanten Belege in die Fußnoten verwiesen werden. In der zweiten Hälfte des 19. Jahrhunderts, in der die Zahl der Julian behandelnden Werke im umgekehrten Verhältnis zu ihrer literarischen Bedeutung steht, genügte dafür der Hinweis auf die Arbeit von R. Foerster[164]). Im Gegensatz zu dieser gedanklich nur lose verknüpften Bibliographie kam es hier auf die Gestalt Julians an und die geistigen Beziehungen der Zeiten zu ihm.

Für Beschaffung des Materials sei der Heidelberger Universitätsbibliothek und der Preußischen Staatsbibliothek Berlin besonders gedankt.

---

[164]) Richard Foerster: Kaiser Julian in der Dichtung alter und neuer Zeit. Studien zur vergleichenden Literaturgeschichte, hrsg. von M. Koch, Bd. V, 1905.

ANHANG.

Bei Richard Foerster (l. c.) angegebene Juliandichtungen:

Karl Boruttau: „Julian der Abtrünnige", Trauerspiel in 5 Aufzügen (Danzig, gedruckt bei A. W. Kafemann, 1864).

D. Friedrich Lübker: „Kaiser Julians Kampf und Ende", eine Erzählung aus dem 4. christlichen Jahrhundert (Hamburg, Agentur des Rauhen Hauses, 1864).

Wilhelm Molitor: „Julian der Apostat", ein dramatisches Gedicht (Mainz, Verlag von Franz Kirchheim, 1866).

Gustav Freytag: „Ingo und Ingraban" (Leipzig 1872). [Schilderung der Alamannenschlacht.]

P. Seeberg: „Kaiser Julian der Abtrünnige", Trauerspiel in 5 Akten (Berlin 1874).

J. C. v. Wieser: „Kaiser Julianus", Trauerspiel in 5 Aufzügen (Brünn 1876).

G. Dittmar: „Julian Apostata", Tragödie (Elberfeld 1876, Kommissionsverlag von Sam. Lucas).

v. Malsen: „Kaiser Julian", Trauerspiel (Stuttgart 1881).

Adam Trabert: „Kaiser Julian der Abtrünnige", Dramatisches Gedicht (Wien 1894).

Johannes Mayrhofer: „Galiläer, du hast gesiegt", Dramatische Scenen (Münster i. W., Verlag der Alphonsusbuchhandlung. Neue Vereins- und Gesellschaftsbühne. 3 Bändchen, 1902).

Dmitry Sergewitsch Mereschkowski: „Julian Apostata, der letzte Hellene auf dem Thron der Caesaren", ein biographischer Roman, deutsch von Carl v. Gütschow (Leipzig 1903).

[Der Roman wird um der Gelesenheit des russischen Autors willen in Deutschland an dieser Stelle angeführt.]

Marie von Najmâjer: „Kaiser Julian", Drama (Wien 1904).

NAMENVERZEICHNIS.

Ankündigung

Als Ergänzung zu dem vorwiegend formgeschichtlich gerichteten „Reallexikon der deutschen Literaturgeschichte", dessen Abschluß in diesem Jahre bevorsteht, beginnt hiermit zu erscheinen:

Stoff- und Motivgeschichte der deutschen Literatur

Es handelt sich hier um ein groß angelegtes Sammelwerk, bestehend aus Reihen von Einzelheften darstellender Art, die je einen vielbehandelten Stoff oder ein häufiger wiederkehrendes Motiv auf ihrem Schicksalsgang innerhalb der deutschen Literaturgeschichte verfolgen. Die behandelten und ausgewerteten Dichtungsinhalte sollen als Exponenten der jeweiligen Kulturstimmung und Stilrichtung erscheinen und somit Bausteine zur Geschichte des geistigen Lebens und der seelischen Entwicklung des deutschen Volkes bilden. Stoff und Motiv werden hier also gewissermaßen zur Konstante, an der sich die Wandlungen des deutschen Kulturlebens und Formgefühls offenbaren.

Das Gesamtwerk wird in Einzelheften von je etwa drei Bogen Lexikonformat ausgegeben werden. Nach Möglichkeit soll monatlich ein Heft erscheinen. Die Darstellung soll zwar überall auf festen wissenschaftlichen Voraussetzungen beruhen, aber ohne den Ballast einzelanalytischer Forschung und Spezialuntersuchung in fließendem Text und allgemeinverständlich gehalten sein. Jedes Einzelheft, das im Rahmen des Gesamtunternehmens selbständig unter dem Namen des Verfassers erscheint, ist einzelkäuflich zu erwerben. Jedoch ist die Ausgabe von Sammelmappen in Aussicht genommen, die für die verschiedenen Interessentenkreise die Möglichkeit bieten, einzelne Stoffgruppen (Griechische Mythologie, Römische Geschichte, Hohenstaufengeschichte, Reformationszeit, Marienlegenden, Spukstoffe, Teufelsbündnisse, Musikerfiguren, Technik im literarischen Leben usw.) zu sammeln.

Es ist die Behandlung folgender Stoffgruppen vorgesehen:

I. *Antike* (Mythologie, Heldensage, Griechische Geschichte, Römische Geschichte, Spätantike Stoffe).

II. *Mittelalter* (Germanische Mythologie, Heldensage, Germanisch-deutsche Geschichte, Sagen und Märchenstoffe des späteren Mittelalters).

III. *Neuzeitliche Weltgeschichte* (Deutsche Geschichte, Österreichische Geschichte, Schweizerische Geschichte, Französische Geschichte, Englische Geschichte, Skandinavische Geschichte, Italienische Geschichte, Spanische Geschichte, Portugiesische Geschichte, Russische Geschichte, Orientalische Geschichte, Amerikanische Geschichte).

IV. *Kirchengeschichte* (Bekehrungsgeschichte, Mönchsgeschichte, Papstgeschichte, Mystik, Reformation, Gegenreformation, Einzelströmungen).

V. *Bibel* (Altes Testament z. B. Adam / Kain / Moses / Esther / Judith / Tobias u. a. Neues Testament).

VI. *Legenden* (z. B. St. Alban / St. Anton / St. Augustin / St. Cäcilie / Christophorus / Elisabeth / Franziskus / Genoveva / St. Georg / St. Martin / Nepomuk / St. Sebastian / Siebenschläfer / Ahasver u. a.).

VII. *Neuzeitliche Volkssagen und Märchenstoffe* (z. B. Jude im Dornbusch / Kaiser und Abt Schlaraffenland / Sieben Schwaben / Aschenbrödel / Fliegender Holländer u. a.).

VIII. *Fabelstoffe* (z. B. Tierfabel / Pflanzenfabel).

IX. *Kulturträger in dichterischer Darstellung* (Dichter, Maler, Musiker, Gelehrte, Philosophen, Erfinder, Entdecker).

X. *Stände und Berufsgruppen in der dichterischen Darstellung* (z. B. Bauer / Kaufmann Maler / Professor / Student / Jude u. a.).

XI. *Das menschliche Privatleben* (Familie, Altersstufen, Liebe, Freundschaft, körperliche Zustände).

XII. *Natur* (landschaftliche Stoffe, lokale Stoffe, Kolonien und exotische Stoffe, Naturerscheinungen).

XIII. *Die Zivilisation im dichterischen Werk* (z. B. Post / Eisenbahn / Schiffsleben / Flugverkehr / Großstadtleben / Auswanderung / Handwerk und Großbetrieb u. a.).

XIV. *Das literarische Nachleben weltliterarischer Werke* (z. B. 1001 Nacht / Boccaccio / Lucian Homer / Shakespeare / Andersen u. a.).

Bereits erschienen ist:

Heft 1: *Die Jungfrau von Orleans in der Dichtung*
von Wilhelm Grenzmann

Heft 2: *Tristan und Isolde*
von Wolfgang Golther

Als nächste Hefte werden ausgegeben:

Parzival / Judith / Don Juan / Der ewige Jude / Alkestis Heidelberg / Eginhard und Emma / Das Mühlenmotiv in der deutschen Literatur / Der Arzt in der deutschen Literatur Faust / Esther / Susanna / Der ägyptische Joseph / Die Schildbürger in der deutschen Literatur

Aldus Druck Berlin 68

Kolibri 360 GmbH
Ferdinand-Jühlke-Straße 7
99095 Erfurt, Deutschland
produktsicherheit@kolibri360.de